RÉPUBLIQUE FRAN[...]

MINISTÈRE DE L'AGRI[...]

ADMINISTRATION DES EAUX ET FORÊTS

EXPOSITION UNIVERSELLE INTERNATIONALE DE 1900

À PARIS

————— ❧❦ —————

RESTAURATION ET CONSERVATION

DES TERRAINS EN MONTAGNE

LES ESSENCES ET LES TRAVAUX DE BOISEMENT

(ARIÈGE ET HAUTE-GARONNE)

PAR M. BAUBY

GARDE GÉNÉRAL DES EAUX ET FORÊTS

PARIS

IMPRIMERIE NATIONALE

—

MDCCCC

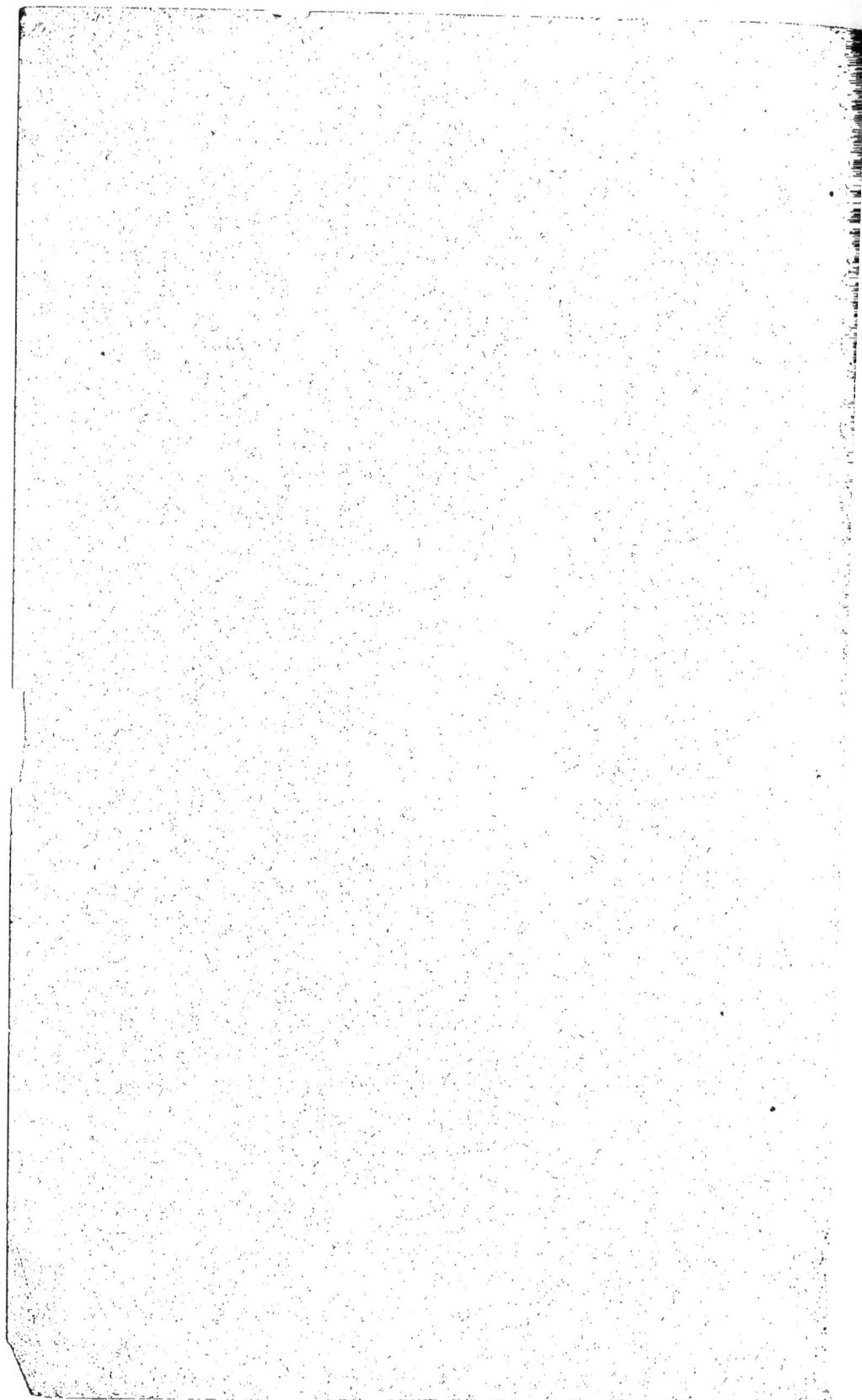

RESTAURATION ET CONSERVATION

DES TERRAINS EN MONTAGNE

———

LES ESSENCES ET LES TRAVAUX DE BOISEMENT

(ARIÈGE ET HAUTE-GARONNE)

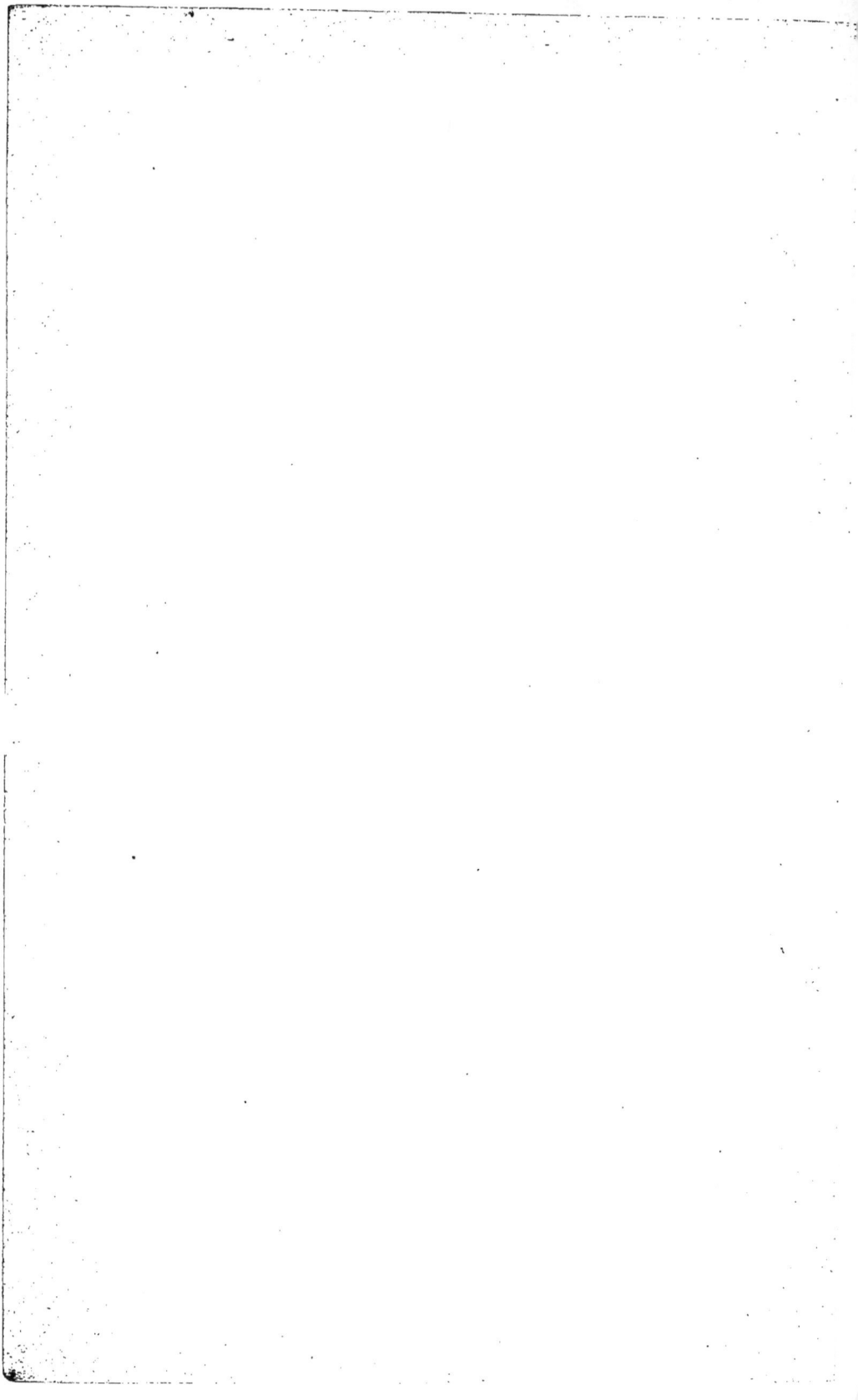

RÉPUBLIQUE FRANÇAISE

MINISTÈRE DE L'AGRICULTURE

ADMINISTRATION DES EAUX ET FORÊTS

EXPOSITION UNIVERSELLE INTERNATIONALE DE 1900

À PARIS

—————>✥<—————

RESTAURATION ET CONSERVATION

DES TERRAINS EN MONTAGNE

———

LES ESSENCES ET LES TRAVAUX DE BOISEMENT

(ARIÈGE ET HAUTE-GARONNE)

PAR M. BAUBY

GARDE GÉNÉRAL DES EAUX ET FORÊTS

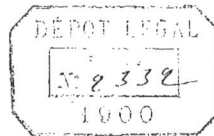

PARIS

IMPRIMERIE NATIONALE

———

MDCCCC

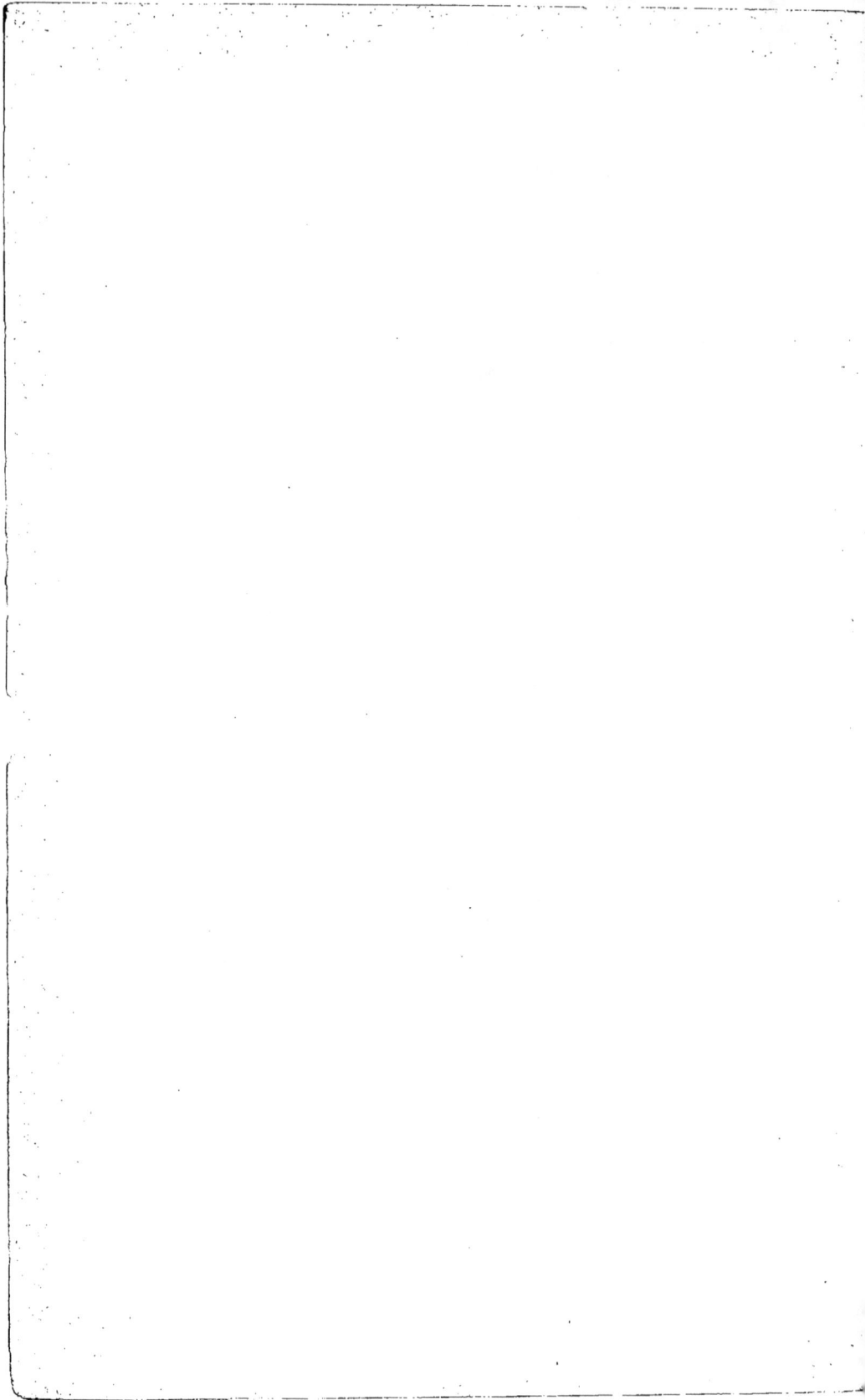

RESTAURATION ET CONSERVATION

DES TERRAINS EN MONTAGNE.

LES ESSENCES ET LES TRAVAUX DE BOISEMENT.

(ARIÈGE ET HAUTE-GARONNE.)

CHAPITRE PREMIER.

STATISTIQUE.

La question du reboisement des terrains dénudés sis en montagne préoccupe les pouvoirs publics depuis plus d'un demi-siècle. Dès 1846, on reconnaît la nécessité d'une loi de protection et de reboisement, loi qui ne devait être votée que le 28 juillet 1860. Avant même la promulgation de cette loi, les travaux furent exécutés dans divers départements et notamment dans celui de l'Ariège; on n'est pas absolument fixé sur l'étendue et la valeur des reboisements ainsi exécutés.

Application de la loi du 28 juillet 1860. — Avec la loi du 28 juillet 1860, et surtout les quatre ou cinq années qui ont suivi la promulgation de cette loi, les travaux prennent une grande extension et principalement dans le département de l'Ariège : ce sont tous travaux facultatifs sur terrains domaniaux, communaux ou particuliers; ils consistent en semis et plantations. Dans son compte rendu des travaux exécutés en 1862 par application de la loi, le Directeur général de l'Administration des Forêts s'exprime ainsi :

« Le département de l'Ariège est un de ceux dont il importe le plus, à divers points de vue, de reboiser les parties montagneuses... La régularisation du régime des eaux qui arrosent les fertiles vallées de ce département présente, en effet, un haut degré d'intérêt. ... On peut apprécier l'importance que les habitants attachent à l'opération du reboisement par les termes d'une délibération prise par le Conseil municipal de la ville de Foix, le 15 novembre 1862, à la suite d'une allocation de subvention pour reboisement facultatif : «Le Conseil municipal, reconnaissant en-«vers l'Administration des Eaux et Forêts des efforts et des sacri-«fices qu'elle ne cesse de faire depuis quelques années pour arriver «au reboisement de nos communaux, presque entièrement dénu-«dés de toute végétation, vote des remerciements bien sentis à cette «Administration, et émet le vœu que cette bienveillante sollicitude «soit continuée à la commune de Foix.»

Le compte rendu des reboisements exécutés en 1863 porte que, parmi les reboisements exécutés sur terrains domaniaux, ceux du département de l'Ariège méritent d'être particulièrement signalés.

«L'État, ajoute ce rapport, possède, dans les montagnes de l'Ariège, des étendues considérables de terrains occupés autrefois par de belles forêts et réduits aujourd'hui à un état de complète dénudation, par suite des abus de la dépaissance. Ces terrains étant grevés de droits de pâturage au profit des communes environnantes, leur reboisement, si nécessaire dans l'intérêt public, présentait de sérieuses difficultés au point de vue des ménagements réclamés par l'industrie pastorale, qui constitue une des principales ressources de la population.

«Afin de concilier tous les intérêts, M. le Préfet de l'Ariège a eu l'idée d'instituer des conférences cantonales auxquelles il a appelé les hommes les plus aptes à apprécier les besoins des habitants et qui ont été chargés de désigner, de concert avec les agents de l'Administration des Forêts, les parties sur lesquelles les travaux de reboisement devaient être exécutés.»

Ces commissions fonctionnèrent efficacement, ainsi qu'il résulte d'une lettre adressée par le Préfet de l'Ariège au Directeur général des Forêts, le 14 mars 1863, et citée dans le rapport susdit; cette lettre porte que «grâce aux bienveillantes dispositions de M. le Conservateur, aux soins avec lesquels la plupart des projets avaient été préparés, les objections n'ont porté que sur des questions de détail facilement aplanies».

Il fut ainsi, entre 1861 et 1875, reboisé 4,110 hectares de terrains domaniaux; la dépense occasionnée par ces travaux se monte, à partir de 1865, à 189,983 francs pour les travaux de repeuplement et 113,495 francs pour ceux d'entretien et de réfections.

Pendant ce temps, des subventions étaient accordées aux communes : 238 hectares, appartenant à 44 communes, furent ainsi reboisés; la dépense s'éleva à 33,021 francs se répartissant de la manière suivante :

Dépense des communes......................	7,989 francs.
Subvention du département.................	6,399
Subvention de l'État......................	17,633

Et pendant le même temps, 35,186 francs de subventions, accordées par l'État à des particuliers, aidaient au reboisement de 548 hectares.

L'essor donné aux travaux de reboisement dans le département de l'Ariège après la promulgation de la loi du 28 juillet 1860 se ralentit au bout de peu d'années, et après 1870 les reboisements devinrent absolument insignifiants.

Quoi qu'il en soit, il fut créé, dans la période qui vient d'être indiquée, d'assez importants massifs forestiers, résineux pour la plupart, sur des terrains communaux et sur des vacants domaniaux; les résultats furent des plus satisfaisants; nombre de cantons dans les forêts domaniales et communales n'ont d'autre origine; telles sont diverses parties des forêts de Gestiès, de Suc, de Goulier, de Lagriolle, de Saurat, etc.

2.

Les reboisements sur terrains particuliers furent principalement exécutés en feuillus.

Dans le même espace de temps, on procédait aussi à des travaux de reboisement dans le département de la Haute-Garonne; mais ces travaux furent bien moins importants que dans le département voisin. C'est que la partie montagneuse de la Haute-Garonne est non seulement une des mieux boisées des Pyrénées, mais encore celle qui renferme les massifs les plus riches.

Les reboisements portèrent sur 565 hectares de terrains domaniaux; la dépense s'éleva à 49,745 francs pour les travaux de repeuplement et 21,034 francs pour les travaux d'entretien et de réfections.

Six communes reçurent 9,755 francs de subventions de l'État et 9,699 francs de subventions départementales, et 48 hectares de forêts communales furent créés.

Enfin l'État alloua à des particuliers des subventions s'élevant à 4,408 francs qui servirent à la constitution de 104 hectares de bois.

Les massifs domaniaux et communaux ainsi créés sont presque exclusivement en résineux; il convient de citer parmi les reboisements domaniaux ceux de Cazaux-Layrisse, de Cier-Luchon, de Bagnères-de-Luchon, et, parmi les reboisements communaux, ceux de Cazaux-Larboust, Juzet, Sode, Saint-Paul-d'Oueil.

Application de la loi du 4 avril 1882. — Ainsi, sous l'empire de la loi du 28 juillet 1860, une certaine impulsion est donnée à l'œuvre du reboisement des terrains dénudés dans les Pyrénées de l'Ariège et de la Haute-Garonne; des travaux d'une certaine importance s'exécutent dans la décennie qui suit la promulgation de la loi; à partir de 1870, l'œuvre entreprise est presque complètement abandonnée.

En exécution de la loi du 4 avril 1882, six périmètres de restauration sont étudiés. Ce sont : dans l'Ariège, ceux du Vicdessos, de la Haute Ariège, de l'Aude moyenne et du Salat; dans la Haute-Garonne, ceux de la Garonne et de la Pique. Un seul de ces péri-mètres, celui de la Pique, a été déclaré d'utilité publique par une loi en date du 27 juillet 1895. Les inondations qui ont désolé la région en 1897, les désastres qu'elles ont occasionnés nécessitent la revision de ces périmètres. C'est la première tâche réservée à la Commission du reboisement récemment reconstituée dans la 18ᵉ Conservation. Le périmètre du Vicdessos a été revisé en 1898-1899; les études sont avancées pour ceux de la Pique et de la Haute Ariège, elles vont être entreprises pour les trois autres périmètres.

Les terrains englobés dans ces périmètres ont les contenances ci-après :

Périmètre de la Pique (loi du 27 juillet 1895)...	1,457 hectares.
Périmètre de la Garonne (périmètre à reviser)....	131
Périmètre du Vicdessos (périmètre récemment re-visé)...............................	1,448
Périmètre de la Haute Ariège (périmètre à reviser).	580
Périmètre de l'Aude moyenne (périmètre à reviser).	73
Périmètre du Salat (périmètre à reviser)........	1,429
TOTAL...............	5,118

Telle est la surface minima dont le reboisement s'impose au point de vue des intérêts que la loi du 4 avril 1882 a eu pour but de sauvegarder.

Au fur et à mesure des études, les travaux de correction et de boisement étaient commencés sur les terrains périmétrés apparte-nant à l'État et sur ceux qui étaient acquis amiablement à son compte. (L'État a acquis, en 1880, de la commune de Luchon, 97 hectares englobés dans le périmètre de la Pique et, en 1884, du syndicat des communes de Massat, Biert et Port, 790 hectares englobés dans le périmètre du Salat.) Les contenances actuellement boisées, soit naturellement, soit de main d'homme, sont les suivants :

Périmètre de la Pique.....................	455 hectares.
Périmètre de la Garonne..................	71
Périmètre du Vicdessos...................	528
Périmètre de la Haute Ariège	125
Périmètre de l'Aude moyenne..............	"
Périmètre du Salat......................	1,044
TOTAL...............	2,223

Surfaces qu'il serait utile de reboiser. — Les six périmètres de la région, créés en exécution de la loi du 4 avril 1882, ont été établis avec une interprétation stricte de la lettre de cette loi. Dans une étude récente sur les reboisements dans le pays de Comminges [1], qui renferme, entre autres bassins, ceux de la Garonne, de la Pique et du Salat, M. de Gorsse, conservateur des Eaux et Forêts à Pau, dont l'opinion fait autorité en la matière, démontre que les dangers nés et actuels ne résultent pas seulement de l'état de dégradation des terrains, mais qu'ils sont la conséquence directe et fatale de l'état de dénudation absolue de la plupart des grands bassins de la région ; il démontre que seul le reboisement de ces bassins peut arrêter ou tout au moins atténuer le plus possible l'effet désastreux des terribles inondations qui viennent, non pas périodiquement comme on le croyait, mais à des intervalles de plus en plus rapprochés, détruire la fortune publique et privée, causer la mort d'hommes et jeter l'épouvante parmi les populations, aussi bien dans la plaine que dans la montagne. Il conclut nettement que, si le bassin supérieur de la Garonne semble suffisamment boisé, il est nécessaire d'englober dans le périmètre de la Pique de 300 à 400 hectares de terrains dénudés de la vallée d'Oueil, vallée secondaire du bassin de la Pique, et d'étendre sur

---

[1] E. DE GORSSE, *La question du reboisement dans le pays de Comminges.*

6,800 hectares le périmètre du Salat, qui actuellement n'en comprend que 1,400.

Des reconnaissances minutieuses faites il y a une quinzaine d'années par le service spécial du reboisement du département de l'Ariège, — le compte rendu de ces reconnaissances ne saurait trouver place dans le cadre de cette notice — il résulte non moins nettement, dans le même ordre d'idées, que les reboisements devraient porter, dans le bassin principal de l'Ariège, non pas sur 600, mais sur 2,000 hectares; dans celui du Vicdessos, non pas sur 1,500, mais sur 6,000 hectares.

Ainsi, avec une interprétation large de la loi du 4 avril 1882, ce n'est pas 5,000, mais 17,000 hectares que devraient embrasser les périmètres de la région.

Ces vastes périmètres mériteraient encore d'être nommés périmètres de restauration, car les neuf dixièmes de leur immense étendue étaient naguère couverts de forêts assurant la sécurité publique, qui ont été détruites par des abus. L'œuvre du reboisement y aurait pour but non pas la création d'un nouvel état de choses, mais le rétablissement de l'état de choses préexistant; elle serait, dans toute l'acception du mot, œuvre de restauration et d'utilité publique.

CHAPITRE II.

ESSENCES.

Les terrains sur lesquels ont été exécutés des travaux de reboisement dans la région montagneuse des départements de l'Ariège et de la Haute-Garonne présentent une diversité infinie au point de vue de l'exposition, de l'altitude, de leur déclivité, de leur composition géologique et de leur stabilité.

En raison de cette diversité de conditions, on a fait de nombreux essais avec des essences variées, soit spontanées dans les Pyrénées, soient qu'elles aient donné des résultats satisfaisants dans d'autres régions montagneuses présentant des caractères similaires.

L'œuvre de la restauration des terrains en montagne ne doit négliger aucun auxiliaire de la nature — le plus humble arbuste peut être utilement employé, s'il est bien approprié au milieu où il est transplanté; — les essais doivent donc être continués.

Néanmoins, des expériences faites jusqu'à ce jour il résulte des aperçus intéressants qui permettent de guider le reboiseur dans le choix des essences qui conviennent dans les divers points de la région.

1° RÉSINEUX.

Les pins. — Les pins employés ont été le pin sylvestre, le pin noir d'Autriche, le pin laricio de Corse, le pin à crochets, le pin Cembro.

Pin sylvestre. — Le pin sylvestre (*Pinus sylvestris*) forme dans la région de nombreux massifs créés de main d'homme; on le trouve depuis les altitudes de 700 mètres jusqu'à 1,600 mètres; il est peu exigeant au point de vue du sol et de l'exposition ; on le trouve également sur les calcaires du jurassique, les schistes du silurien et sur les boues glaciaires ; de même, on le rencontre à toutes les expositions. C'est l'arbre des plus anciens reboisements ; aussi est-on fixé sur sa valeur ; c'est lui qui donne les massifs les mieux venants et les plus réguliers ; sa croissance est rapide. Mais le pin sylvestre a l'inconvénient très grave de se briser facilement sous l'action du vent et sous le poids de la neige.

Les principaux peuplements de cette essence qu'il convient de signaler se trouvent dans la vallée de Vicdessos (Ariège), dans les forêts domaniales de Luchon, de Bourg-d'Oueil, de Cier, dans les forêts communales de Juzet, Saint-Paul, Sode, etc. (Haute-Garonne), où ils ont été constitués de 1860 à 1867. Le pin sylvestre a été également employé en 1881 dans la zone inférieure du bassin de réception supérieur du torrent du Laou-d'Esbas.

Pin noir d'Autriche (Pinus Laricio). — Ce pin a été introduit de 1864 à 1868 dans les forêts domaniales de Bourg et Sacourvielle et dans la forêt communale de Saint-Paul (Haute-Garonne), sur les schistes du silurien, aux expositions du nord et du sud-ouest, à des altitudes variant entre 1,400 et 1,700 mètres ; la réussite a été satisfaisante, mais la croissance est lente : ces peuplements sont dans une zone trop froide.

En 1881, il en a été fait des plantations dans la forêt domaniale de Coulédoux, et dans les forêts communales d'Artigue et de Juzet (Haute-Garonne) ; sur les schistes, à l'exposition du sud-ouest, aux altitudes de 800 à 1,300 mètres ; la réussite a été très satisfaisante, la végétation est active. Cette essence se trouve bien à sa place dans ces dernières conditions d'altitude et d'exposition.

Pin Laricio de Corse (Pinus Laricio). — On trouve dans l'Ariège et la Haute-Garonne quelques petits massifs de cette essence, parmi lesquels il y a lieu de citer 5 ou 6 hectares dans la forêt communale de Cazaux-Larboust, plantés en 1869, sur des boues glaciaires, à l'exposition du nord-ouest, à l'altitude de 1,000 à 1,100 mètres; la végétation est active et ce petit massif est en très bon état.

On trouve également le pin Laricio en mélange avec d'autres essences, au milieu desquelles il figure avantageusement; mais il ne semble pas qu'il dépasse 1,300 mètres d'altitude.

Pin à crochets (*Pinus montana*). — Le pin à crochets est l'essence du reboisement aux hautes altitudes.

Spontané dans les Pyrénées, il y forme, jusqu'à 2,200 mètres, des massifs importants dans le département des Pyrénées-Orientales, dans la province espagnole de la Catalogne et dans la République d'Andorre. S'il ne forme point de massifs dans les montagnes de l'Ariège et de la Haute-Garonne, on l'y rencontre à l'état naturel, par bouquets, jusqu'à 2,500 mètres.

Sans doute, à la limite de son aire, il présente l'aspect buissonnant, mais ce buissonnement est dû en partie à l'abroutissement continu des troupeaux séjournant en été aux plus hautes altitudes.

On le rencontre spontané près du pic Auriol (Ariège), se maintenant à 2,400 mètres sur des éperons rocheux; on le trouve de même dans la haute vallée de la Pique (Haute-Garonne), sur des points très élevés et exposés au vent; il est comme la pointe d'avant-garde de la végétation forestière.

Au point de vue du sol, le pin à crochets est peu difficile; il pousse sur les terrains les plus arides et quelle que soit leur constitution géologique.

Il n'en est point de même de l'exposition, et c'est là la caractéristique de cette essence. Si on la rencontre sur les points élevés, sur les crêtes les plus exposées aux vents, elle ne saurait se maintenir aux endroits où la neige séjourne longtemps.

Le pin à crochets a été introduit artificiellement en 1867 et
1869 dans les forêts domaniales de Bourg-d'Oueil et de Cier
(Haute-Garonne), sur les schistes, aux expositions du nord et du
sud, et aux altitudes de 1,600 et 1,700 mètres.

Plus récemment, en 1883, il a été fait des plantations de cette
essence dans les reboisements du Laou-d'Esbas, de la série de Bagnères-de-Luchon, sur les schistes et les boues glaciaires, aux altitudes de 1,700 à 2,000 mètres, aux expositions du nord, de l'est
et du sud; elles n'ont point réussi aux expositions du nord et de
l'est, et cet insuccès ne peut être attribué qu'au trop long séjour
des neiges; tandis que la réussite a été complète à l'exposition du
sud, où les neiges ne séjournent pas.

Il convient d'ajouter que ces plantations ont été attaquées depuis 1893 par l'*Histerium pinastri*, qui ne laisse d'y faire des dégâts
que l'on a combattus, sans grand succès d'ailleurs, par des arrosages de bouillie bordelaise.

Enfin, des reboisements de cette essence ont été exécutés à nouveau en 1899 dans le bassin de réception du Laou-d'Esbas, aux
altitudes et exposition convenables.

Pin Cembro (**Pinus Cembra**). — Les repeuplements tentés avec le
pin Cembro ont été des plus médiocres.

Cette essence a été employée par voie de semis au Laou-d'Esbas
en 1890 (sol schisteux, exposition du nord-est, altitudes de 1,800
à 1,900 mètres); la réussite a été presque nulle; la plus grande
quantité des graines a été détruite par les rongeurs et les
oiseaux; les rares plants qui avaient levé ont été décollés par les
gelées.

Le pin Cembro a été également employé, il y a une vingtaine
d'années, en semis dans la série de l'Hospitalet, du périmètre de la
Haute Ariège, à des altitudes de 1,800 à 2,000 mètres; à peine,
pour 300 kilogrammes de graines employées, reste-t-il actuellement une centaine de sujets.

Sapin (Abies pectinata). — Le sapin forme, dans les Pyrénées et notamment sur les versants de la haute vallée de la Garonne qui composent l'inspection forestière de Bagnères-de-Luchon, de vastes et riches forêts que l'on exploite pas la méthode jardinatoire.

Le jeune plant de sapin a le tempérament extrêmement délicat et ne réussit que sous l'action d'un couvert prolongé; il s'ensuit que le sapin n'est point une essence de reboisement.

Il en a été semé, en 1895, dans les bandes-pépinières du Laou-d'Esbas, à l'exposition du nord ; la réussite a été satisfaisante.

Des semis de sapin ont été, à différentes reprises, tentés dans les périmètres du département de l'Ariège ; ils promettaient, au début, la plus belle réussite ; on n'en trouve plus trace aujour-d'hui.

Si le sapin n'est pas une essence à employer directement au re-boisement, il en est parfois l'auxiliaire. C'est ainsi qu'on trouve, dans la série de l'Hospitalet, du périmètre de la Haute Ariège, quel-ques vieux sapins, débris d'une ancienne forêt, à l'abri desquels est venue une régénération naturelle des plus fournies.

Sapin Pinsapo (Abies Pinsapo). — Quelques sujets de cette es-sence ont été cultivés en pépinière en 1867 et 1870, puis plantés en divers points du périmètre de la Pique; ils ont été enlevés en délits.

Il en a été de même des quelques sujets de cèdres du Liban et de l'Atlas (*Cedrus Libani*), dont les essais avaient été tentés à la même époque.

Épicéa (Abies Picea). — On a fait un grand usage de l'épicéa dans la région; les résultats ont été des plus variables. C'est ainsi que l'on trouve dans la série d'Auzat, du périmètre de Vicdessos (Ariège), à 1,200 mètres d'altitude et à l'exposition du nord, un superbe perchis de cette essence, provenant d'une plantation exé-cutée en 1864. Dans cette même série, on a tenté un repeuplement de la même essence en 1888, à 1,600 mètres d'altitude et à l'exposition du sud. Bien que le sol y soit de bonne qualité, la réussite fut médiocre; les plants sont absolument jaunes et ne mesurent pas actuellement plus de 1 mètre de haut.

Dans la série de l'Hospitalet, du périmètre de la Haute Ariège, un repeuplement d'épicéas exécuté vers la même époque, à une altitude de 1.500 mètres et à l'exposition de l'ouest ne donne aujourd'hui que des sujets malingres et rabougris.

Dans le département de la Haute-Garonne, des plantations d'épicéas ont été faites de 1864 à 1867, dans les forêts domaniales de Bourg-d'Oueil, d'Artigue, de Cier et de Luchon; elles ont été exécutées sur terrains argileux et calcaires, à des altitudes variant de 700 à 1,700 mètres, mais toujours aux expositions du nord, du nord-est et du nord-ouest. Les peuplements ainsi créés sont partout bien venants.

En 1884, 20 hectares ont été plantés sur les schistes calcaires et les boues glaciaires du torrent du Laou-d'Esbas, à 1,600 et 1,700 mètres d'altitude et à toutes les expositions; les repeuplements à l'exposition du nord ont seuls réussi.

En 1889, il a été fait au même Laou-d'Esbas des semis d'épicéa à 1,700 et 1,800 mètres d'altitude; une grande partie des graines a été détruite par les rongeurs ou les oiseaux; puis la plupart des plants ont été étouffés par les herbes.

On doit conclure de ces nombreux exemples que l'épicéa ne convient que sur les versants exposés au nord; qu'à cette exposition il sera avantageusement employé depuis 700 jusqu'à 1,400 mètres d'altitude et sur n'importe quel sol; enfin qu'il y a lieu, dans les premières années, de le dégager soigneusement des herbes qui menacent de l'étouffer.

Mélèze (*Larix Europæa*). — Le mélèze est une des essences les plus précieuses pour l'œuvre du reboisement.

Il a été employé avec succès dans tous les périmètres de restauration de la 18ᵉ Conservation, sur les sols les plus variés, à toutes les expositions, à des altitudes variant de 700 à 2,200 mètres. En général, les semis et les plantations ont également réussi; la croissance des peuplements a été rapide; en mélange avec d'autres essences, le mélèze ne tarde pas à les dépasser ; il n'est qu'exceptionnellement sujet à des maladies.

Le jeune plant de mélèze est facilement étouffé par les herbes; il importe donc de ne point faire de semis sur les sols enherbés et de les réserver pour les parties quelque peu dénudées. Pour la même raison, les plantations exécutées dans les régions enherbées doivent être soigneusement dégagées au début.

De ce que cette essence a réussi dans toutes conditions de sol, d'exposition et d'altitude, il ne faudrait point conclure qu'elles lui sont toutes également favorables; c'est ainsi, par exemple, que l'on peut remarquer que certaines plantations exécutées dans le bassin de réception du torrent du Laou-d'Esbas présentent un aspect buissonnant ; cet aspect tient au long séjour des neiges; il se remarque principalement à l'exposition du nord.

Il arrive parfois que, dans les premières années qui suivent la plantation, le peuplement de mélèze présente un aspect chlorotique et semble destiné à périr à bref délai; il demeure ainsi stationnaire pendant quelques années, mais ensuite il part avec vigueur. Cette observation avait amené un certain nombre de reboiseurs à abandonner le mélèze après les premiers essais qu'ils en avaient faits; une plus longue expérience les a fait revenir à cette essence.

Il convient d'ajouter que le mélèze résiste mal aux gelées quand elles se produisent tardivement ou prématurément, comme il arrive parfois aux mois de juin et septembre dans la série de l'Hospitalet, du périmètre de la Haute Ariège.

Dans cette série, il a été exécuté des plantations de mélèze jusqu'à 2,200 mètres d'altitude; ces plantations, qui datent de quatre ans, fournissent des pousses vigoureuses les années où elles ne souffrent pas des gelées.

Dans les périmètres du Salat et du Vicdessos (Ariège), le mélèze a été employé à des altitudes de 1,000 à 1,300 mètres; il y fournit, à toutes les expositions, des pousses atteignant jusqu'à o m. 80 de long.

On en trouve aussi de nombreux peuplements créés de main d'homme dans le département de la Haute-Garonne.

De 1864 à 1867, il en fut planté d'assez importants massifs en terrain domanial à Artigue, Luchon et Cier, en terrain communal à Juzet, sur schistes argileux et calcaires, à l'exposition du nord et à des altitudes variant de 700 à 1,700 mètres; la réussite a été complète, soit que le mélèze forme à lui seul les peuplements, soit qu'il s'y trouve en mélange; — dans ce cas, il domine de beaucoup les autres essences — on rencontre là des mélèzes de quarante ans avec 20 mètres de hauteur.

Vers la même époque, on a planté quelques mélèzes dans la forêt communale d'Artigue, sur le calcaire, à l'exposition du sud, à l'altitude de 1,600 mètres; la réussite a également été complète.

Récemment, en 1896 et 1897, des mélèzes ont été plantés avec succès en mélange avec d'autres essences, dans les reboisements facultatifs destinés à préserver des avalanches le village de Cazarilh-Laspènes; le sol est calcaire, l'exposition est au sud, l'altitude varie de 1,200 à 1,300 mètres. Enfin le mélèze a été employé en plantations et semis sur les boues glaciaires du bassin de réception du torrent du Laou-d'Esbas, aux expositions du nord, de l'est et du sud, aux altitudes de 1,700 à 1,800 mètres. Plantations de 1894 et 1896, bonne réussite; les plants restent buissonnants à l'exposition nord sous l'action du long séjour des neiges. Semis de 1889, peu de réussite dans les parties enherbées.

2° FEUILLUS.

Hêtre (*Fagus sylvatica*). — Le hêtre est la grande essence des Pyrénées; c'est l'essence spontanée que l'on y rencontre partout et qui se prête à tous les modes de traitement.

Le hêtre croît depuis les altitudes les plus basses jusqu'à 1,600 mètres, parfois même un peu plus haut, mais il est alors rabougri.

Au point de vue de l'exposition et du sol, il est complètement indifférent; c'est même une essence envahissante pour peu qu'on la protège dans sa première jeunesse; il n'est pas rare d'en trouver dans les pâturages des cépées isolées, vestiges d'anciennes forêts, qui se maintiennent, bien qu'abrouties tous les ans par les troupeaux. Que, pour une raison quelconque, le canton soit mis en défens, on voit ces quelques hêtres s'étendre rapidement.

Il ne semble pas que cette essence ait été employée dans les travaux de reboisement exécutés sous l'empire de la loi de 1860; peut-être s'était-on heurté à cette idée très répandue, que le jeune plant de hêtre, très délicat, ne peut que réussir sous le couvert. On trouve cependant dans des endroits absolument dénudés, tels que la série de l'Hospitalet (Ariège), de très beaux semis provenant de la faîne tombée de quelques rares hêtres, débris d'une ancienne forêt. — Ces semis étaient constamment abroutis avant la mise en défens; depuis quelques années qu'ils ne sont plus mutilés par la dent du bétail, ils sortent et forment un bouquet important. — De même cette année, remarquable par sa sécheresse, on a eu une réussite extraordinaire dans les semis en pépinières, pépinières volantes sans aucun abri.

Une très large place doit être réservée au hêtre dans les travaux de reboisement de la région, soit qu'on l'emploie directement sans travail antérieur, dans les endroits enherbés, où l'abri des herbes lui suffira, soit qu'on l'introduise dans les regarnis. Le hêtre, en un mot, doit être la grande essence feuillue du reboisement dans la région.

Il est inutile de citer ici des massifs spontanés de cette essence; le touriste en traverse de magnifiques dans tous les bassins, Garonne, Ariège, Pique, à toutes les altitudes, jusqu'à 1,500 et 1,600 mètres à l'état pur ou en mélange avec le sapin, en futaie ou en taillis.

Une large place a été affectée depuis deux ans à cette essence dans les pépinières volantes des divers périmètres de la 18e Conservation. Des plantations en ont été exécutées de 1885 à 1899, sur les boues glaciaires du torrent du Laou-d'Esbas, aux expositions du nord, de l'est et du sud, à des altitudes variant entre 1,200 et 1,700 mètres. Les plants, pris en forêt vers l'âge de deux ans, sont repiqués en pépinières volantes pour être plantés un ou deux ans après. Pendant cette période de quinze ans, les plantations ont parfaitement réussi; comme on peut le prévoir, la végétation est lente aux altitudes supérieures.

Érables. — Les érables employés dans le reboisement ont été le sycomore (*Acer pseudo-platanus*) et le plane (*Acer platanoides*), sans qu'on les distinguât entre eux; il conviendrait cependant d'accorder la préférence à l'érable plane comme essence de reboisement. En raison de leur exigence bien connue au point de vue de la richesse du sol, on n'a point tenté d'en former des massifs à l'état pur; en mélange avec d'autres essences, ou en regarnis, ils ont donné des résultats très satisfaisants.

Ils ont été ainsi introduits en mélange, de 1863 à 1867, dans les forêts domaniale et communale de Bagnères-de-Luchon, sur des schistes argileux et calcaires, aux expositions nord et est, aux altitudes de 700 et 800 mètres. Les plantations ont bien réussi; les sujets ont aujourd'hui de 9 à 12 mètres de haut.

De 1884 à 1899, les érables ont servi dans les regarnis effectués au Laou-d'Esbas, sur des boues glaciaires, aux expositions nord, est et sud, à des altitudes variant de 1,100 à 1,600 mètres; leur végétation y est lente.

C'est dans les zones moyennes, entre 800 et 1,300 mètres, qu'on en obtient les meilleurs résultats.

Les semences d'érable viennent bien en pépinière.

Ormes. — Il en est de même de celles d'orme. De cette famille, on n'a employé que les espèces dites *Orme de montagne* ou *à grandes feuilles* (*Ulmus montana*) et *Orme champêtre* ou *à petites feuilles* (*Ulmus campestris*). Les ormes, pas plus que les érables, ne doivent être employés à l'état pur; on s'en est servi avantageusement en mélange avec d'autres essences, dans les mêmes conditions et au même titre que les érables.

Leur végétation est généralement plus active que celle de ces derniers; l'orme champêtre, moins exigeant au point de vue du sol que l'orme de montagne, convient mieux au reboisement des ravins et des clappes.

Sorbier des oiseleurs. — Alisier blanc. — On ne saurait songer à créer des massifs de sorbier des oiseleurs (*Sorbus aucuparia*), ni d'alisier blanc (*Sorbus aria*); mais ces essences atteignent aux dernières limites de la végétation forestière, et trouvent avantageusement leur place aux hautes altitudes, par sujets isolés, au milieu des pins et des mélèzes. C'est ainsi qu'elles ont été employées au Laoud'Esbas jusqu'à 1,800 mètres d'altitude, aux expositions du nord, de l'est et du sud; ces sujets isolés viennent bien, mais sont de végétation lente.

Bouleau. — Le bouleau blanc ou verruqueux (*Betulus alba*) croît, comme les précédents, jusqu'à des altitudes très élevées (2,000 mètres); il est indifférent aux conditions de sol et d'exposition, poussant également bien sur les éboulis, les sables quaternaires qui forment les berges des torrents, dans les interstices des rochers; il devient même envahissant : dans la série d'Auzat (Ariège), à une altitude de 1,100 mètres, une clappe a été entièrement reboisée par les semences tombées de quelques bouleaux qui avaient été plantés au-dessus. Ce fait est fréquent à des altitudes moindres; on peut voir de grandes étendues de vacants domaniaux, sur le territoire de Ganac (près Foix), qui, en un espace d'une quinzaine d'années, ont été complètement boisées par les semences tombées de quelques rares sujets que des particuliers avaient plantés dans le voisinage, et forment aujourd'hui une véritable forêt.

Le bouleau est donc, aux moyennes et grandes altitudes, une essence très précieuse pour le reboisement ; aux altitudes moyennes, on peut le planter à l'état serré ; plus haut, il convient de ne l'employer que par pieds isolés.

Cette essence présente cependant l'inconvénient d'être très difficile à élever en pépinière ; cet inconvénient sera évité par l'achat au commerce de plants que l'on repiquera en pépinière volante jusqu'à leur emploi.

Robinier faux acacia (*Robinia pseudo-acacia*). — De grandes espérances avaient été fondées, lors des premiers essais de reboisement dans le département de l'Ariège, sur l'emploi du robinier ; mais cette essence n'a point justifié ce qu'on attendait d'elle, parce qu'elle est trop sensible au froid ; aussi tous les essais tentés au-dessus de 900 à 1,000 mètres d'altitude ont-ils été infructueux.

Cette essence sera utilement employée à des altitudes inférieures, car, par son enracinement et sa facilité de reproduction par rejets ou drageons, elle convient admirablement au maintien des terres.

2,000 plants de robinier ont été introduits, en 1867, dans la forêt communale de Luchon, sur schistes argileux et calcaires, à l'exposition de l'est, à l'altitude de 600 mètres. A la même époque, il en était planté 6 hectares dans les forêts communales de Lège et Saint-Béat (Haute-Garonne), sur schistes argileux, à 600 mètres d'altitude et à toutes expositions, et 5 hectares dans la forêt communale d'Estenos (même département), sur le calcaire, aux expositions de l'est et de l'ouest, à 500 mètres d'altitude. Tous ces peuplements sont bien venants et atteignent de 10 à 15 mètres de hauteur.

Aunes. — Les deux espèces d'aunes que l'on a employées sont l'aune glutineux (*Alnus glutinosa*) et l'aune blanc (*Alnus incana*). La première est spontanée dans les Pyrénées ; on l'y trouve en grande abondance depuis les régions les plus basses jusqu'à 1,300 mètres, à toutes les expositions et sur tous les terrains pourvu qu'ils soient humides ou tout au moins frais. Par son enracinement profond, sa croissance rapide, sa grande facilité de reproduction, elle est une essence très précieuse pour le reboisement des atterrissements.

Souvent elle s'installe naturellement sur les berges des torrents. Dans la série de Suc-Sentenac du périmètre du Vicdessos, il existe de nombreuses ravines creusées sur le flanc d'un pâturage à pente de 60 p. 100 ; les affouillements ayant été arrêtés par des barrages, les berges se couvrirent naturellement d'aunes glutineux ; ce sont aujourd'hui de longues traînées de cette essence, sous lesquelles on ne voit plus de déchirures de terrain. On peut constater également dans les séries de Verdun du périmètre de la Haute Ariège, et de Siguer du périmètre du Vicdessos, que le passage de la lave de 1897 est couvert de nombreux semis d'aune glutineux.

L'aune blanc ne semble point spontané dans les Pyrénées, alors qu'il l'est dans les Alpes ; il présente les mêmes qualités précieuses d'enracinement, de croissance et de reproduction que l'aune glutineux et il peut être introduit jusqu'aux plus hautes altitudes. Il a été employé avec succès, de 1892 à 1899, sur les berges du torrent du Laou-d'Esbas, aux expositions du nord, de l'est et du sud entre 1,100 et 1,700 mètres.

Saules. — Les saules ne sont point à proprement parler essences de reboisement, mais leur emploi est journalier et précieux pour la consolidation des terrains instables ; il n'est point de torrent de l'Ariège et de la Haute-Garonne où, depuis l'application de la loi du 4 avril 1882, il n'ait été fait des bouturages de saule.

Toutes les espèces ou variétés spontanées dans les Pyrénées peuvent être mises en œuvre. En fait, on s'est servi, dans la région, des saules marceau, drapé, blanc, pourpre, viminal, spontanés dans les Pyrénées et du saule daphné envoyé des Alpes. Celui dont l'emploi a été le plus fréquent est le marceau, qui présente de nombreux avantages : il est peu difficile pour le terrain et l'exposition, et croît depuis 700 jusqu'à 1,700 mètres d'altitude ; c'est un véritable arbre susceptible d'offrir une réelle résistance aux descentes de matériaux ; mais il réussit difficilement en boutures. Comme exemple d'emploi des divers saules, il suffit d'indiquer ici le torrent du Laou-d'Esbas.

Il peut être intéressant de connaître la nomenclature des principaux saules spontanés dans les Pyrénées ; ce sont :

	ÉLÉVATION EN MÈTRES.
Saule marceau (*Salix capræa*)	700 à 1,800
Saule viminal (*Salix viminalis*)	400 à 700
Saule blanc (*Salix alba*)	700 à 1,300
Saule drapé (*Salix incana*)	1,100
Saule à oreillettes (*Salix aurita*)	700 à 1,400
Saule à trois étamines (*Salix triaudra*)	600 à 700
Saule cendré (*Salix cinerea*)	700 à 1,500
Saule pourpre (*Salix purpurea*)	650 à 1,400
Saule phylica (*Salix phyliciplia*)	800 à 1,700
Saule herbacé (*Salix herbacea*)	
Saule réticulé (*Salix reticulata*)	1,800 à 2,400
Saule des Pyrénées (*Salix pyrenaica*)	
Saule émoussé (*Salix relusa*)	2,400 à 2,850
Saule à feuille de serpollet (*Salix Serpyllifolia*)	

On voit par cette nomenclature que l'on trouve les saules depuis le bas de la montagne jusqu'aux plus hautes altitudes.

Frêne (Fraxinus excelsior). — Il a été exécuté en 1865 et 1867 des plantations de frêne dans les forêts domaniale et communale de Bagnères-de-Luchon, sur des schistes argileux, aux expositions du nord et du nord-est, à l'altitude de 750 mètres ; la réussite a été satisfaisante ; ces plants ont aujourd'hui de 7 à 9 mètres de haut. A la même époque, il en fut planté 2,000 dans la forêt communale de Saint-Paul (Haute-Garonne), sur schistes calcaires, à l'exposition du sud-ouest et à l'altitude de 1,100 mètres ; à peine en reste-t-il quelques sujets rabougris. Plus récemment, de 1884 à 1899, on a fait des plantations de cette essence sur les boues glaciaires du Laou-d'Esbas, à des altitudes variant entre 1,100 et 1,700 mètres ; leur réussite a été bonne, mais ils végètent lentement.

Le frêne a été introduit également dans diverses séries du département de l'Ariège, notamment dans celle de l'Hospitalet du périmètre de la Haute Ariège, sur sol sec et peu profond et à des altitudes de 1,500 mètres et au-dessus, et dans celle de Goulier du périmètre du Vicdessos, sur des déchirures sableuses. Il n'y a donné que peu de résultats.

Il semble que dans la plupart de ces essais on l'a employé en dehors des conditions qu'il exige pour bien végéter. Spontané dans les Pyrénées, on le trouve végétant bien par sujets isolés depuis les points les plus bas jusque vers 1,400 mètres ; il ne faudrait point lui faire dépasser cette altitude et le réserver pour les endroits frais ; il est ainsi tout désigné pour les repeuplements à faire sur les parcelles de prés qu'il faut englober dans les périmètres le long des torrents, afin d'y appuyer les ouvrages de correction.

Tilleul. — Il a été fait peu d'essais du tilleul (*Tilia parvifolia*) ; il y a lieu de citer cependant une plantation exécutée de 1865 à 1867 dans les forêts domaniale et communale de Bagnères-de-Luchon, sur schistes argileux et calcaires aux expositions du nord et de l'est, à 700 et 800 mètres d'altitude. Ces tilleuls ont aujourd'hui de 8 à 12 mètres de haut.

Quelques sujets de cette essence ont été employés, de 1891 à 1895, en regarnis dans les boues glaciaires du Laou-d'Esbas, à l'exposition du nord-est, entre 1,100 et 1,600 mètres d'altitude. Si ces deux essais sont insuffisants pour qu'on puisse en conclure le mérite du tilleul comme essence de reboisement, il n'en est pas moins vrai qu'il y a lieu de l'employer plus fréquemment qu'on ne l'a fait jusqu'à présent, car on le voit, à l'état spontané, végéter très vigoureusement jusqu'à 1,000 et 1,200 mètres sur les versants rapides qui longent divers cours d'eau.

Chêne rouvre. — *Châtaignier.* — Le chêne rouvre (*Quercus sessiliflora*) et le châtaignier (*Castanea vesca*) ont été plantés en 1867 en mélange avec le robinier faux acacia sur le territoire de Bagnères-de-Luchon, au lieu dit Bousquet de Barcugnas, d'une contenance de 14 hectares; on a obtenu une belle réussite; les chênes ont actuellement de 8 à 12 mètres et les châtaigniers de 6 à 7 mètres de haut.

On trouve le chêne à l'état naturel jusque vers 1,000 à 1,200 mètres et exceptionnellement jusqu'à 1,500 mètres à l'exposition du midi; le châtaignier monte jusqu'à 1,300 et 1,400 mètres.

Peuplier. — Le peuplier noir (*Populus nigra*), spontané dans les Pyrénées, où il est connu sous le nom de *peuplier commun*, jouit de propriétés aptes à le rendre très utile dans l'œuvre du reboisement et principalement pour la fixation des terrains instables; avec quelques racines profondément enfoncées, il émet de longues racines traçantes; il est très disposé à repousser de souche et à drageonner, et sa multiplication par boutures est facile; il végète bien depuis les régions les plus basses jusqu'à 1,800 mètres d'altitude, à toutes les expositions, mais il exige un sol léger, humide ou tout au moins frais, et beaucoup de lumière.

Le peuplier tremble (*Populus tremula*) s'élève également depuis la plaine jusqu'à 1,600 et 1,700 mètres; il se rencontre à toutes les expositions, quoiqu'il préfère celles du nord et de l'est; tous les sols lui conviennent pourvu qu'ils soient frais et pas trop compacts; il se multiplie moins facilement par boutures que le précédent.

Le peuplier blanc (*Populus alba*) a les mêmes qualités que le peuplier noir au point de vue de son enracinement, de sa reproduction par drageons et de sa multiplication par boutures; mais il exige un sol frais et riche et s'élève peu dans les contrées montagneuses.

Les peupliers, dont on a peu usé jusqu'à présent, seront utilement employés en boutures en même temps que les saules; il conviendra d'accorder la préférence au peuplier noir.

Noisetier. — Le coudrier-noisetier (*Corylus avellana*) se trouve à l'état spontané dans les Pyrénées jusqu'à 1,700 mètres d'altitude. Cet arbuste, qui se reproduit bien par semis, drageons, éclats, est destiné à rendre les plus grands services dans les travaux de reboisement; il est peu difficile sur le choix des terrains, pourvu qu'il ait de la lumière.

Il a été employé avec le plus grand succès sur les plus mauvais terrains du Laou-d'Esbas, de 1895 à 1899, aux expositions du nord, de l'est et du sud, aux altitudes de 1,500 à 1,700 mètres.

Cytise des Alpes. — Le cytise des Alpes (*Cytisus alpinus*), non spontané dans les Pyrénées, a été, comme le coudrier, employé avec succès sur les plus mauvais terrains du bassin du Laou-d'Esbas; on s'est servi de cet arbuste de 1887 à 1895, aux expositions du nord, de l'est et du sud, à des altitudes variant entre 1,100 et 1,700 mètres.

Choix des essences. — Après la description des essences qui ont été employées dans les reboisements de la région et l'exposé des résultats obtenus avec chacune d'elles, une question se pose naturellement, question importante : lesquelles doit-on préconiser ? et, d'une manière plus générale, faut-il accorder la préférence aux résineux ou aux feuillus ?

Les premiers reboisements exécutés, soit avant la promulgation de la loi du 28 juillet 1860, soit sous l'empire de cette loi, ont eu pour but de créer des massifs boisés, susceptibles de donner des

produits importants et de protéger le sol ou d'arrêter les avalanches.
Pour atteindre ce but, on ne s'est guère adressé qu'aux essences résineuses, principalement aux pins sylvestres et laricios, et à l'épicéa,
au mélèze quelquefois. A l'heure actuelle, sous l'empire de la loi
du 4 avril 1882, la question du reboisement est avant tout une
question de restauration; la plupart des périmètres sont limités
aux terrains « dégradés » où ont été reconnus « des dangers nés et
actuels ». Ces terrains sont fréquemment à des altitudes bien supérieures à celles des terrains qui ont été reboisés il y a trente ou
quarante ans; ils présentent presque toujours des conditions bien
moins favorables à la végétation. Dans cette situation toute nouvelle,
on ne saurait songer à suivre servilement les errements anciens,
quelque brillants qu'aient pu par endroits en être les résultats.

L'emploi exclusif des résineux présente de nombreux et sérieux
inconvénients : ils sont sujets à être brisés par les neiges, notamment le pin sylvestre, et comme au-dessous d'eux il n'y a point de
recrû, les massifs vont s'appauvrissant; ils sont fréquemment déci-
més par les maladies et les invasions d'insectes; que les jeunes
peuplements en soient accidentellement dévastés par l'incendie ou
les délits de pâturage, le fruit de nombreuses années de travail et
de dépenses considérables est irrémédiablement perdu; enfin ils
ne se prêtent qu'à un seul mode de traitement.

Ces inconvénients multiples ne se rencontrent pas dans les feuillus, ou du moins sont fort atténués; ils se brisent moins sous l'action
des neiges, sont moins sujets aux invasions d'insectes; à la suite
de délits de pâturages, voire même d'incendies, un recepage immé-
diat et bien exécuté peut empêcher la perte complète des résultats
acquis; enfin il peut parfois y avoir avantage à substituer à la
futaie, qui charge d'un poids énorme la superficie des terrains en
glissement, le taillis ou le furetage, d'un poids moindre et qui
protège également bien le sol.

C'est donc incontestablement aux feuillus qu'en thèse générale
on doit accorder la préférence, et parmi eux au hêtre, si remar-

quable dans les Pyrénées par sa ténacité, au hêtre que l'on voit résister aux abroutissements de nombreuses années et repartir avec vigueur après une courte mise en défens. Il convient de formuler encore ici cette proposition, que le hêtre est par excellence l'essence du reboisement dans la région.

Mais le hêtre ne végète guère que jusqu'à 1,600 à 1,700 mètres d'altitude, et les feuillus appropriés à des altitudes supérieures ne sont pas susceptibles de former des massifs, tandis que les résineux peuvent venir en massif jusqu'aux plus hautes altitudes. On est ainsi amené à distinguer deux zones pour les travaux de reboise-ment, selon que l'on opère aux altitudes élevées ou à des altitudes moindres; par exemple, pour bien fixer les idées, au-dessus ou au-dessous de 1,500 mètres.

Dans la première de ces zones on mettra en œuvre les résineux, et principalement le mélèze, le pin à crochets, puis l'épicéa à l'expo-sition du nord ; on leur mélangera le hêtre jusqu'à 1,600 mètres, puis le bouleau, l'alisier blanc et le sorbier.

Dans la zone inférieure, au-dessous de 1,500 mètres, on emploiera les feuillus et principalement le hêtre ; puis, en mélange, les érables, les ormes, le tilleul ; le frêne trouvera utilement sa place dans les circonstances particulières qui conviennent à sa végétation, et le robinier aux altitudes les plus basses. Il arrive parfois qu'on ne puisse reboiser d'emblée en feuillus, par exemple sur les sols siliceux recouverts de bruyère; les résineux seront alors employés comme essences transitoires ; par la rapidité de leur végétation et la nature de leur terreau, ils peuvent rendre à ce titre de très utiles services.

Sur les terrains instables on se servira du coudrier, des saules, du cytise des Alpes pour créer une première végétation, sans exclure les autres feuillus et particulièrement les aunes, les plus aptes de tous à consolider le pied des berges.

CHAPITRE III.

DES DIVERS MODES ET PROCÉDÉS DE REBOISEMENT.

SEMIS.

Les semis, fort en honneur il y a une cinquantaine d'années, ont été progressivement abandonnés; les derniers ont été exécutés en 1887 dans l'Ariège, en 1890 dans la Haute-Garonne.

On a semé par bandes, à la palette, par potets.

Les premiers semis datent de 1859; ils ont été exécutés, dans l'arrondissement de Saint-Girons, par bandes ou à la palette, avec des graines de résineux, sapin, pin sylvestre, épicéa,

Les semis par bandes «sont spécialement applicables à nos montagnes, à cause de leurs pentes excessives; ces bandes, qu'on laisse incultes, ont le double avantage d'empêcher l'éboulement des terres et de servir d'abri au jeune semis; les frais de main-d'œuvre sont évalués par hectare à 70-75 francs [1] ».

Pour le semis à la palette, « on enfonce en terre une pelle de fer en forme de lance; on l'enfonce obliquement dans le sol, de manière à introduire dans l'espace pratiqué en la retirant une pincée de graines et à laisser immédiatement retomber sur elle-même la terre soulevée; la dépense n'est que de 18 francs par hectare [1] ».

Ces semis, et principalement les semis par bandes, n'ont point laissé de donner des résultats fort appréciables; mais ils ne tardèrent pas à être abandonnés; la cause probable de cet abandon est la dépense considérable de la main-d'œuvre; ils présentaient d'ailleurs un certain nombre d'inconvénients, dont les plus impor-

-----

[1] Extrait d'un rapport dressé le 9 juillet 1859 par M. de Boixo, inspecteur des forêts à Saint-Girons, en exécution d'une lettre de l'Administration, du 1er mars 1859.

tants étaient la destruction des graines par les rongeurs et les oiseaux, et les effets des gelées qui soulevaient les jeunes plants.

Plus tard, on ne sema plus que par potets de o m. 10 × o m.10, au nombre de dix mille environ par hectare; les derniers semis effectués de cette sorte remontent à une dizaine d'années. Les graines semées étaient le pin cembro et le pin à crochets; la dépense s'est élevée à 47 francs par hectare pour la main-d'œuvre. La plus grande partie des graines fut dévorée par les rongeurs et les oiseaux; peut-être eût-il fallu les enduire de minium. Quoi qu'il en soit, les semis ont été abandonnés depuis lors.

Il y aurait cependant grand intérêt à pouvoir réussir en semis le bouleau, qu'il est si difficile d'élever en pépinière. La Commission du reboisement de Toulouse a procédé à des essais en 1899; la graine fut répandue à la volée sur un certain nombre de déchirures de terrain, dans diverses séries du département de l'Ariège; le résultat a été des plus médiocres. On peut estimer à 100 francs par 100 kilogrammes de graines (ramassage et semis) la dépense qu'occasionne un pareil semis. De nouveaux essais seront tentés.

PLANTATIONS.

Le mode de reboisement actuellement adopté est la plantation.

On plante généralement par potets, quelquefois en cordons. Les potets reçoivent les plants, soit par touffes, soit par sujets isolés; lorsque l'on met en potet les plants garnis de leur motte de terre, on dit que l'on plante en motte; enfin, on exécute aussi des bouturages et des marcottes.

Plantation par potets. — On appelle potet un trou fait en terre, destiné à recevoir un ou plusieurs plants; les dimensions des potets sont variables, suivant les terrains où l'on opère et leur degré de stabilité. Sur les pelouses bien enherbées, on leur donne o m. 30 × o m. 30; dans les terrains peu stables, on réduit les dimensions à o m. 12 × o m. 20; la profondeur est uniformément de o m. 3o. Enfin, dans certains cas, on se contente d'entailler le sol à la pioche, puis on dépose le plant dans l'entaille et on laisse retomber la tranche soulevée.

Il est arrivé parfois que les potets ont été creusés huit ou dix jours avant la mise en terre des plants, mais, habituellement, piocheurs et planteurs travaillent simultanément.

L'organisation des chantiers est la suivante : si les plants proviennent de pépinières volantes, ils sont arrachés le jour même, au fur et à mesure de la plantation; si on les a fait venir de loin, ils ont passé au préalable quelque temps en jauge à proximité du chantier. Aussitôt arrachés, les plants sont mis dans les paniers ou baquets qui doivent servir à les transporter; ils sont rangés en deux lignes, les racines d'une ligne de plants étant en contact avec celles de l'autre; on couvre ces racines d'un peu de terre meuble ou d'une langue de gazon. Le transport se fait à dos d'homme; quand la distance l'exige et que le terrain le permet, on emploie des bêtes de somme.

Les chantiers se composent d'hommes et de femmes; le rôle des hommes consiste dans l'ouverture des potets, les femmes étant chargées uniquement de la plantation; elles sont munies de petits paniers qu'alimentent les grands paniers ou baquets des distributions.

Arrivé devant un potet, le planteur se met à genou, en arrange le fond avec la main, et le comble, sur environ o m. 10 de profondeur, de terre végétale bien meuble; puis il saisit de la main gauche le plant par le collet, en ayant soin d'éviter le plus possible de détacher la terre qui y est adhérente; il introduit ainsi ce plant dans le potet, de façon à laisser la racine prendre sa position normale; de la main droite, il remplit le potet de terre meuble; avant que le potet soit comblé, il soulève légèrement le plant pour permettre aux racines qui se seraient repliées de reprendre leur position naturelle; il presse la terre, avec les deux mains, autour du

plant, puis il achève de remplir le potet. La terre qui a ainsi rempli
le potet est ensuite tassée de nouveau, soit à la main s'il s'agit de
tout jeunes plants, soit à l'aide de sabots s'il s'agit de feuillus repiqués, et l'on donne à cette terre une forme bombée pour empêcher
les eaux de pluie d'y séjourner. Le plant est, dans son potet,
incliné vers l'amont pour contre-balancer l'effet des neiges qui ten-
dront à le coucher vers l'aval. Quand on trouve des pierres à portée,
on en met trois autour du plant, dont la plus grosse à l'aval; si
l'on n'a que de la pierraille, on en répand autour du plant; cette
précaution a pour but d'en prévenir le déchaussement sous l'action
de la gelée.

Le nombre des piocheurs, par rapport à celui des planteurs, est
extrêmement variable, suivant la nature du terrain et les dimensions données aux potets. Si le sol est bien enherbé, si l'on y trouve
de la bruyère, circonstances dans lesquelles il faut des potets de
grandes dimensions, la tâche du piocheur qui ouvre les potets et
ameublit la terre est considérable; dans ce cas, il suffit d'un planteur pour six à huit piocheurs; si le sol est meuble et peu enherbé
et que les potets soient de moindres dimensions, le chantier com-
prendra un planteur pour deux ou trois piocheurs. Les distributeurs
sont en nombre variable, suivant les distances qu'ils ont à parcourir
pour aller de la pépinière au chantier et les difficultés du par-
cours; pour une distance d'approvisionnement de 200 mètres, on
compte un distributeur pour quatre à cinq planteurs.

Nombre de potets. — On a ouvert autrefois jusqu'à 10,000 potets par hectare en terrain stable, mais il ne semble pas qu'en
pareils terrains ce nombre ait jamais été dépassé. L'expérience a
démontré qu'il est avantageux de le réduire. Les partisans de la
plantation serrée estimaient que sur les 10,000 plants introduits
en potets, il en resterait, défalcation faite de tous déchets, un
nombre suffisant (4,000 à 5,000), et que l'on éviterait ainsi
les dépenses de regarnis; il résulte des faits que ce raisonnement

est spécieux : suivant les conditions atmosphériques de l'année de la plantation et de celles qui la suivaient immédiatement, parfois la réussite était complète, parfois elle était nulle. On a été ainsi amené progressivement à espacer les potets, substituant à l'espacement de 1 mètre (10,000 potets à l'hectare) celui de 1 m. 20 (7,000 potets), puis celui de 1 m. 50 (4,500 potets). C'est ce dernier espacement qui est en usage aujourd'hui dans les terrains stables. La dépense s'élève à 16 francs par mille de potets de 0 m. 20 × 0 m. 30 en moyenne; il s'ensuit que les frais ressortent, par hectare, à 160 francs pour un espacement de 1 mètre, à 110 francs pour un espacement de 1 m. 20, à 75 francs pour un espacement de 1 m. 50. (C'est le prix des semis par bandes autrefois en usage.)

Plantation par touffes et par sujets isolés. — Les plants sont introduits dans les potets, soit par touffes de deux à quatre, soit par sujets isolés.

Dans la région, on plante par touffes les sujets résineux de deux à trois ans; ils sont arrachés en touffes dans la pépinière et plantés ainsi; quelquefois on les a réunis par bouquets d'essences diverses; un pin, un mélèze, un épicéa.

On plante généralement par sujets isolés les feuillus de l'âge de trois et quatre ans et plus après repiquage.

Plantation en motte. — La plantation en motte consiste à extraire de la pépinière le plant muni de sa motte de terre et à l'introduire ainsi dans le potet préparé à l'avance. Ce procédé, qui tient plutôt de l'horticulture, a été peu employé dans le reboisement : il exige des semis spéciaux en pépinière et est extrêmement dispendieux, en raison des précautions qu'il nécessite dans l'extraction du plant, dans son transport et sa remise en terre.

On a exceptionnellement planté en motte, sur des terrains très enherbés, quelques sujets que le hasard avait fait laisser de distance en distance sur des bandes de pépinières. En fait, ce procédé n'est jamais, dans la région, entré dans le domaine de la pratique.

Plantation par mottes. — Ce procédé, qu'il ne faut pas confondre avec la mise en potets des plants munis de leur motte de terre, s'emploie uniquement sur les endroits où la terre végétale fait défaut, tels que les clappes. Voici en quoi il consiste : on creuse un trou de 0 m. 40 au carré sur 0 m. 30 de profondeur, et l'on y introduit deux mottes de gazon placées racines contre racines; on entame l'ensemble de ces deux mottes à la pioche; on y place un plant avec un peu de terre et on tasse le tout. On obtient ainsi de très bons résultats.

Plantation en cordons. — La plantation en cordons a été employée avec grand succès au Laou-d'Esbas, sur deux érosions pourvues d'une abondante terre végétale; elle a été faite telle que la décrit M. Demontzey dans son étude sur les travaux de reboisement des montagnes, p. 235 et 236.

Pour la plantation en cordons et la plantation par mottes, on n'emploie que des équipes restreintes (trois ou quatre hommes).

Bouturages. — On exécute depuis plusieurs années de nombreux bouturages sur les terrains instables, dans les divers périmètres de restauration; les essences employées sont les saules, les aunes et les peupliers; toutefois, le tremble et le saule marceau sont d'une reprise difficile. Le procédé le plus commun consiste à faire ouvrir des trous à l'aide de la barre à mine, trous d'une longueur variable suivant celle de la bouture. Celle-ci est placée de telle sorte qu'elle dépasse le sol d'environ 0 m. 20; puis on tasse la terre tout autour. On coupe généralement les boutures le jour même ou la veille de leur utilisation; si elles sont coupées plus tôt, il n'est pas indispensable de les faire séjourner dans l'eau comme on le croit communément; on ne prend cette précaution que s'il doit s'écouler plus de huit jours avant leur emploi; il ne déplaît même pas aux planteurs que la bouture ait l'aspect un peu fané, si paradoxale que puisse paraître cette idée. On admet également que la bouture, pour bien réussir, doit en quelque sorte être tourmentée; c'est ainsi qu'on les mâche ou pèle en partie avant emploi; les viticulteurs agissent d'ailleurs de même pour les boutures de la vigne. Les boutures de saule peuvent être conservées l'hiver en stratification dans le sable.

L'ouvrage est fait par des hommes et des femmes; les premiers ouvrent les trous à la barre; ils sont suivis des femmes qui portent les boutures dans des paniers.

L'expérience a démontré que les boutures doivent être longues de o m. 6o à o m. 7o, de telle sorte qu'elles puissent être enfoncées assez profondément en terre, pour y trouver l'humidité nécessaire à leur bonne végétation.

Couchage de saules. — Parfois, au lieu de planter les boutures verticalement, dans des trous préparés à la barre à mine, comme il vient d'être dit, on les allonge dans des sillons; ce mode se nomme dans le pays *couchage de saules*.

Il se pratique de différentes façons suivant les cas : sur les berges terreuses, à pente rapide, le sillon est creusé horizontalement, d'une profondeur de o m. 1o; on allonge dans ce sillon les boutures au nombre de quatre superposées, en laissant sortir les extrémités et les pousses latérales; les boutures sont entre-croisées de telle sorte que les unes aient le gros bout dans un sens, les autres en sens contraire; on recouvre le sillon, on le tasse fortement et, si la pente n'est pas trop rapide, on le couvre de pierres. Sur les atterrissements et près de l'eau, les sillons sont inclinés vers le thalweg, et l'on y dispose les boutures uniformément, de manière qu'elles présentent toutes le gros bout du côté de l'eau.

Le prix des boutures est variable, suivant les difficultés que présente le terrain ; avec les divers procédés qui viennent d'être décrits, ces prix oscillent entre 8 et 10 francs le mille.

Marcottage. — On appelle *marcottage* l'opération qui consiste à plier et faire passer en terre un plant ayant déjà acquis une certaine longueur. Nombre d'essences se prêtent au marcottage, notamment le hêtre, mais on ne le pratique guère que sur cette essence et sur les saules et aunes ; les sujets marcottés ont de 1 à 2 mètres de haut. On ouvre un sillon de 0 m. 20 de long et de 0 m. 10 de profondeur ; on y couche le sujet, que l'on fixe à l'aide d'une fourche ou d'un poids en laissant sortir l'extrémité, et on recouvre le sillon. Les marcottages se font principalement sur les atterrissements.

Les chantiers de marcottage sont uniquement composés d'hommes qui pratiquent simultanément la double opération d'ouverture du sillon et de couchage de la marcotte.

Les prix des marcottages sont extrêmement variables, suivant les difficultés que présente le terrain.

Outils servant aux plantations. — Abstraction faite de la barre à mine, qui sert aux boutures verticales, on ne se sert dans la région, pour les travaux de plantation, que d'un seul outil : c'est la pioche. Le modèle de pioche le plus communément en usage a les dimensions indiquées au croquis ci-contre ; il pèse 4 kilogrammes.

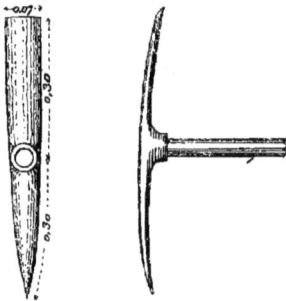

Ce n'est que tout à fait exceptionnellement et sur des terrains absolument froids, que l'on s'est servi de la truelle du planteur pour arranger les terres dans les potets ; presque toujours cette opération se fait à la main.

Pour le transport des plants sur les chantiers, on use de paniers ou de baquets munis d'une anse.

Choix des plants. — La question du choix des essences à employer dans les travaux de repeuplement, suivant les conditions du sol, d'altitude, d'exposition, a trouvé sa place immédiatement après la monographie des essences.

Âges et dimensions des plants. — Les plants sont extraits des pépinières à des âges différents, suivant qu'ils ont été élevés dans des pépinières à haute altitude (pépinières volantes) ou à de faibles altitudes, comme est située la pépinière centrale de Saint-Mamet, l'unique pépinière permanente du service du reboisement de Toulouse.

Résineux. — Les résineux tirés de cette dernière pépinière sont mis en œuvre à l'âge de deux ans; ils ont alors de o m. 12 à o m. 15 au-dessus du collet; seul l'épicéa n'est employé qu'à l'âge de trois ans. Dans les pépinières hautes (les pins cembro et à crochets ne se sèment que dans celles-ci), les plants sont extraits aux âges de trois et quatre ans; ils mesurent alors de o m. 08 à o m. 12. Les plants résineux sont plantés sans avoir été repiqués.

Feuillus. — Les feuillus semés ou repiqués en pépinières hautes (ce sont principalement les hêtre, bouleau, sorbier et alisier blanc) sont plantés au plus tôt à l'âge de trois ans; ils ont alors de o m. 12 à o m. 15 au-dessus du collet.

Exceptionnellement, on a mis en terre des plants âgés de deux ans, tirés de la pépinière centrale; leur dimension à cet âge est de o m. 15 à o m. 20 au-dessus du collet. Le plus souvent, on attend que les plants aient trois et même quatre ans, repiqués ou non; ils ont alors de o m. 25 à o m. 30 de haut; pour une bonne réussite, on ne devra user que de plants repiqués de trois et quatre ans.

Saisons des plantations. — *Résineux.* — Les plantations de résineux se font toujours au printemps; les raisons qui militent en faveur de cette saison sont les suivantes :

1° Il est indispensable que les résineux soient bien fixés au sol et fassent corps avec lui avant l'arrivée des neiges, qui, en raison de leur feuilles persistantes, ont beaucoup de prise sur eux;

2° Mis en terre à l'automne, le jeune plant continue à respirer durant l'hiver par son appareil foliacé, tandis que ses racines sont en quelque sorte inertes dans le potet où elles viennent d'être introduites ; cet inconvénient disparaît avec la plantation de printemps, les racines pouvant entrer en œuvre presque immédiatement;

3° Les résineux peuvent être plantés quand bien même leur végétation aurait déjà quelque peu commencé. Cette saison présente, par contre, l'inconvénient d'être généralement courte; il faut donc se hâter dans l'exécution des plantations résineuses.

Feuillus. — Pour les feuillus, on plante également au printemps sur les terrains où se produisent des glissements de neige, car ces glissements ont pour effet de soulever et parfois de déchausser complètement le jeune plant non encore enraciné dans son nouveau milieu. Les feuillus ne reprennent plus dès qu'ils ont commencé à végéter, d'où la nécessité, pour ceux qui ont été élevés dans des pépinières basses, de les mettre en jauge à la fin de l'hiver aux altitudes mêmes où ils doivent être plantés. en attendant le moment de leur emploi.

Si, au contraire, la plantation de feuillus doit être faite sur des terrains stables où les glissements de neige ne sont pas à redouter, il y a tout intérêt à l'exécuter à l'automne ; cette saison est généralement longue dans la région et l'on peut attendre avant de planter que la sève soit complètement arrêtée ; mis en place, le jeune plant subit un tassement régulier des terres sous l'influence des neiges séjournant sur le sol, et se dispose convenablement dans son nou-

veau milieu ; le printemps venu, racines et feuilles entreront simultanément en activité. Les avantages de la plantation d'automne pour
les feuillus sont tels, qu'on la pratique parfois sur les terrains où
les glissements de neige sont à craindre, mais en abritant ces terrains au moyen de banquettes. Ce procédé est à employer chaque
fois que l'établissement des banquettes n'entraînera pas à des
dépenses torp considérables.

Boutures et marcottes. — Les boutures et marcottes se font à la
fin de l'hiver.

Emploi de graines fourragères. — Il est rare que les plantations réussissent sur des pentes absolument nues ; il faut au jeune
plant un premier abri, qu'on lui fournit par l'enherbement. On
peut donc dire qu'en semblable terrain l'enherbement doit précéder
la plantation. Diverses graines fourragères sont en usage, notamment l'anthyllide vulnéraire (*Anthyllis vulneraria*) ; on se sert aussi
fréquemment des résidus de greniers à fourrage. L'enherbement
se fait généralement deux ans avant la plantation. On opère de la
manière suivante : on creuse à la binette des sillons horizontaux
éloignés de o m. 5o l'un de l'autre ; au fur et à mesure de l'ouverture d'un sillon, on y sème la graine ; puis on passe au sillon immédiatement supérieur, dont l'ouverture fait recouvrir le semis fait
dans le précédent, et ainsi de suite. Ces semis de graines fourragères se font au printemps ; il est bon de les exécuter le lendemain
d'un jour de pluie.

Parfois on est amené à enherber le sol de nouveau après que
les plantations ont été exécutées ; dans ce cas, on emploie le procédé qui vient d'être décrit, ou bien l'on se contente de répandre
les graines à la volée.

Sur les terrains absolument rebelles à s'enherber, on fixe des
bandes de gazon à l'aide de chevilles de bois. Ce mode ne laisse
point que d'être fort coûteux.

CHAPITRE IV.

PÉPINIÈRES.

Choix à faire entre les pépinières permanentes et volantes. — « Les pépinières permanentes ou centrales ont pour but la production des plants, de tout âge et de tous genres, nécessaires aux travaux dans une région déterminée, et destinés à être expédiés par les moyens de transport en usage dans la localité.

« Les pépinières volantes ou locales sont appelées le plus souvent à ne produire qu'une ou deux fois les plants nécessaires à un terrain donné et n'exigent d'ailleurs aucun des soins culturaux obligés dans les pépinières centrales » [1].

Dans la première période des travaux de reboisement qui furent exécutés dans la 18e Conservation, c'est-à-dire avant la promulgation de la loi du 28 juillet 1860 et sous l'empire de cette loi, on créa de nombreuses pépinières permanentes. Ce furent, dans le département de l'Ariège, une grande pépinière de 2 hect. 62 ares à Saint-Girons; puis celle de Vicdessos, plus communément désignée sous le nom de *pépinière centrale;* les pépinières de Goulier, dans la série de ce nom, de Gafoulih et de Marc, dans la série d'Auzat; en même temps, on établissait dans la Haute-Garonne les pépinières centrales d'Aspet, de Juzet-Luchon et Saint-Mamet.

De toutes ces pépinières il ne reste plus actuellement que celle de Saint-Mamet, dans la Haute-Garonne, qui fonctionne d'une manière continue, et celle de Marc, située à côté du refuge de ce nom, qui ne fonctionne que s'il est besoin de plants dans le voisinage, et, dès lors, n'est guère qu'une pépinière volante.

---

[1] P. Demontzey, *Étude sur les travaux de reboisement et de gazonnement des terrains en montagne,* p. 201.

En même temps que les pépinières permanentes étaient abandonnées, il se créait des pépinières volantes sur tous les points des
périmètres où s'exécutaient des plantations.

Le fait d'avoir abandonné les pépinières centrales existantes,
pour créer des pépinières volantes, prouve surabondamment que,
sans hésitation, on a, dans la région, donné la préférence à ces
dernières. Le principal inconvénient des pépinières permanentes est
leur éloignement des chantiers, et il ne saurait en être autrement,
car elles doivent, en raison des soins multiples qu'elles exigent,
être situées à proximité de la résidence, non point d'un, mais de
plusieurs préposés ; elles se trouvent ainsi à des altitudes relativement très basses, et il en résulte une dépense énorme pour les
frais de transport. A ces altitudes, la végétation commence de bonne
heure au printemps, et souvent elle est déjà partie alors que les
terrains où doivent être établis les chantiers sont encore recouverts
d'une épaisse couche de neige. Les terrains des pépinières centrales,
livrés pendant un long temps à une culture intensive, s'épuisent
vite, d'où la nécessité de faire fréquemment des fumures. Sans doute
le plant élevé en pépinière centrale, sur un sol bien travaillé,
amendé, à une altitude relativement basse, sera plus vigoureux
que son congénère élevé aux altitudes froides, mais sa transplan-
tation aux âges de deux, trois ou quatre ans, à ces hautes altitudes, amènera un trouble sérieux dans son organisme et ne
laissera point que d'influer sur les conditions biologiques de son
existence.

Si on évite tous ces inconvénients par la création de pépinières
volantes, par contre, le choix de leur emplacement présente souvent de grandes difficultés sur les terrains pauvres de la haute
montagne ; le sol est parfois si dépourvu de terre végétale, qu'à
peine suffit-il à un premier et unique ensemencement, et il est
arrivé que les plants produits étaient à ce point chétifs et malingres,
qu'on a dû renoncer à les employer. Comme généralement on ne
saurait, à ces hautes altitudes, songer aux fumures, à cause des

dépenses de transports, on y supplée en recueillant le peu de terre végétale que l'on peut trouver à proximité, pour la répandre dans les pépinières volantes. On ne saurait trop appeler l'attention sur cet écueil des pépinières de l'espèce.

PÉPINIÈRE CENTRALE DE SAINT-MAMET.

Il importe qu'une commission de reboisement ait à sa disposition tout au moins une pépinière permanente, pour y faire des essais et expériences, y élever les essences qui réclament des soins multiples et continus, y puiser les plants à délivrer sous forme de subventions et y avoir en tous temps l'approvisionnement nécessaire pour parer à toutes éventualités.

Pour ces motifs, on a conservé la pépinière de Saint-Mamet, près de Bagnères-de-Luchon (Haute-Garonne). Elle trouve actuellement sa raison d'être dans le dernier ordre d'idées qui vient d'être dit.

Parmi les séries englobées dans le périmètre de la Pique par la loi du 27 juillet 1895, il s'en trouve neuf qui forment le bassin de l'Oune, affluent de la rive gauche de la Pique; les terrains périmétrés ont une contenance totale de 900 hectares. Ce sont des pâtures communales sur lesquelles il y aura à faire quelques travaux de correction et principalement des travaux de reboisement. L'accord ne tardera pas sans doute à se faire entre l'État et les communes, soit au sujet de la cession des terrains, soit que les communes demeurent propriétaires et exécutent les travaux avec l'aide de l'État.

Il est donc nécessaire que l'on se préoccupe dès à présent d'avoir sous la main les plants nécessaires aux travaux des deux ou trois premières années, en attendant qu'on en puise dans les pépinières volantes, qui ne pourront être établies, dans les diverses séries, qu'une fois l'accord définitivement intervenu entre l'État et les communes propriétaires.

Situation. — La pépinière centrale, d'une contenance de
17 ares 37 centiares, est située en sol domanial, sur le territoire de
la commune de Saint-Mamet, à 3 kilomètres en amont de cette commune et de la ville de Bagnères-de-Luchon, dans la vallée de la Pique,
à 720 mètres d'altitude. Elle est exposée au nord-ouest; la pente du
terrain est très légère. Le sol est formé d'un mélange de granit et
de schistes, quelque peu pierreux, mais les plus grosses pierres ont
été enlevées; il est léger, de bonne qualité, facile à travailler. Cette
pépinière répond aux conditions indiquées par M. Demontzey dans
son étude sur les travaux de reboisement et de gazonnement des
terrains en montagne [1].

Elle est dans une position très centrale par rapport aux diverses
séries du périmètre de la Pique (longée par un chemin rural, elle
présente un accès facile au transport des plants, outils, engrais);
elle est à 3 kilomètres de Luchon, résidence d'été d'un agent de
la Commission du reboisement et résidence permanente d'une
demi-douzaine de préposés; son sol est d'une fertilité supérieure à
la moyenne, et léger; elle est sur un versant à pentes douces, où
les gelées ne sont pas à craindre; à son exposition du nord-ouest,
il n'y a pas à redouter la trop grande précocité dans la pousse du
printemps, ni un trop grand prolongement de la végétation à l'automne; elle est de forme régulière et clôturée d'un mur.

Irrigation. — Il est indispensable qu'une pépinière centrale
puisse être irriguée: les semis de certaines essences, telles que les
aunes, exigent des arrosages; il en est de même des bandes de repiquages. Un canal avait été créé en 1874 pour amener à la pépinière les eaux de sources situées dans la forêt domaniale de Saint-Mamet; ce canal a été depuis lors comblé par le fait de l'exploitation
des coupes; il est nécessaire de le rétablir.

[1] P. DEMONTZEY, *Étude sur les travaux de reboisement et de gazonnement des terrains
en montagne,* p. 201.

Il conviendra en même temps de créer un abri rustique, pour abriter les ouvriers des pluies d'orage et remiser les outils.

Fumure. — Les bandes reçoivent du fumier de vache l'automne qui précède leur ensemencement; on emploie généralement 1 mètre cube de fumier pour une étendue de 2 à 3 ares.

Bandes. — La pépinière est divisée en trois séries de bandes, d'une longueur de 20 mètres environ. On donne à chaque bande une largeur de 1 mètre; elles sont séparées les unes des autres par des intervalles de 0 m. 40 servant de passages aux ouvriers et aux préposés.

Les trois séries de bandes sont séparées par des allées de 1 mètre de large.

Semis. — Les semis ont lieu au printemps.

Les bandes destinées à être ensemencées sont défoncées, cultivées et fumées à l'automne ; à la fin de l'hiver, on leur donne une seconde culture avant de procéder aux semis; ceux-ci se font en plein, si les plants ne sont pas destinés à être repiqués, sinon ils sont faits par sillons, cette dernière disposition permettant d'arracher les plants plus facilement et sans les abîmer. Les graines sont achetées au commerce ou fournies par l'Administration, au printemps; d'autres ont été récoltées à l'automne, généralement par le soin des préposés; elles sont, pendant l'hiver, mises en silos dans du sable, de façon que le semis a lieu quand elles commencent à germer; on peut ainsi ne mettre en terre que les bonnes graines, et l'on évite qu'elles ne deviennent la proie des rongeurs et des oiseaux.

Sarclages et binages. — Les sarclages consistent dans l'enlèvement à la main des mauvaises herbes qui viennent à pousser au milieu des semis. Dans les jeunes semis, on exécute quatre ou cinq sarclages par an; plus tard, on se contente de deux. Cette opération est faite par des femmes.

Deux des sarclages dans l'année sont immédiatement suivis d'un binage; le binage est une légère façon donnée à la surface du sol, au moyen de la binette, pour lui rendre l'ameublissement qu'il avait perdu par le tassement ou le croûtement; il est exécuté par des hommes.

Repiquage de plants. — Les résineux sont mis en œuvre sans avoir été repiqués. Ces dernières années, on a repiqué un tiers environ des plants feuillus produits par la pépinière. Cette proportion est absolument insuffisante; le repiquage doit être la règle générale pour les feuillus.

On a cru parfois, lorsque les bandes de semis renfermaient des plants de diverses tailles — le fait est fréquent pour ceux qui proviennent de graines ne levant que la deuxième année, — devoir n'arracher que les plus petits pour les repiquer, laissant les plus grands, qui se trouvaient ainsi dégagés. C'est là un système très défectueux, que l'on doit absolument condamner, car les plants ainsi laissés en place n'acquièrent point le développement du chevelu autour des sections des racines principales, qui est le but du repiquage, et ils continuent à occuper par sujets isolés des bandes qui pourraient être utilisées plus avantageusement. Mieux vaut les employer sans les repiquer, ou, ce qui est mieux encore, les repiquer dans des lignes à part.

Les bandes dans lesquelles des plants doivent être repiqués sont préparées comme celles qui sont destinées à être ensemencées, à cette exception qu'on ne les fume pas au moment même de cette culture. Dans ces bandes, on trace des lignes espacées de o m. 12 en o m. 12, et dans chaque ligne les plants sont repiqués à o m. o6 ou o m. 10 l'un de l'autre, suivant leur taille. L'opération terminée, la bande est fumée, et le fumier recouvert d'un peu de terre meuble.

Âge d'emploi des plants. Leur dimension. — La pépinière centrale de Saint-Mamet fournit plus spécialement des plants feuillus. Ces plants sont mis en œuvre aux âges de trois et quatre ans ; ils ont alors de o m. 25 à o m. 3o de haut au-dessus du collet. Les plants qui ont été repiqués ne sont pas sensiblement plus hauts que les autres, mais ils sont plus trapus, leur appareil de radicelles est beaucoup plus développé.

Rendements et prix de revient. — Les rendements sont extrêmement variables, selon la qualité de la graine récoltée et les conditions atmosphériques des années qui suivent les semis, toutes choses égales d'ailleurs.

Depuis plusieurs années, il n'a pas été semé de résineux ni de hêtres dans la pépinière de Saint-Mamet; on y a élevé avec un égal succès les érables, les ormes, le robinier, le noisetier, le frêne; puis, dans l'ordre de leur degré de réussite, le prunier de Briançon, le sorbier, l'alisier blanc, le cytise, le tilleul, les aunes; depuis que le canal d'irrigation a été comblé, ces dernières essences ne trouvent plus dans la pépinière une fraîcheur suffisante.

Les chiffres ci-après indiquent le nombre de plants bons à être employés que fournit en moyenne 1 are convenablement ensemencé dans la pépinière de Saint-Mamet.

	NOMBRE DE PLANTS.	KILOGRAMMES DE GRAINES SEMÉES.
Frêne..........................	16.000	16
Érable..........................	14.000	16
Orme..........................	20,000	16
Robinier..........................	15.000	5
Noisetier..........................	12,000	25
Sorbier..........................	4,000	20
Alisier blanc..........................	4,000	3o
Tilleul..........................	6,000	10
Cytise..........................	10,000	4
Aune..........................	6,000	3

Les renseignements permettant d'établir pour chaque essence le prix de revient au mille de plants, repiqués et non repiqués, font défaut ; il n'est guère possible d'indiquer ici que le prix moyen au mille plants pour l'ensemble.

Avec un roulement normal, un cinquième de la surface cultivée, 3 ares environ, doit annuellement renfermer des plants repiqués de quatre ans prêts à extraire pour les plantations; soit 25,000 plants environ. Les frais d'entretien de la pépinière se montent, en moyenne, à 200 francs par an. Le prix de revient ressort ainsi à 8 francs pour le mille de plants de quatre ans repiqués.

Avec une proportion de un tiers seulement de plants repiqués, le rendement annuel moyen peut être évalué à 35,000 ou 40,000 plants de quatre ans utilisables; le prix moyen de revient ressort de 5 à 6 francs.

Ressources actuelles. — Il a été extrait en 1899 de la pépinière de Saint-Mamet environ 23,000 plants; elle offre actuellement les ressources suivantes : 31,000 plants d'orme, frêne, érable, sorbier, prunier de Briançon, de trois à cinq ans, utilisables dès le printemps 1900; et 12,000 plants d'aune, noisetier et érable de deux ans; enfin on y a semé, en 1899, 12 kilogrammes de graines d'orme sur 80 centiares, et 10 kilogrammes de graines de sorbier sur 50 centiares; ce dernier semis n'a point réussi.

Oseraie. — Depuis de nombreuses années, le service du reboisement détient en location, sous la dénomination « d'annexe à la pépinière centrale », une oseraie d'une contenance de 6 ares, sur le territoire de Juzet, à proximité et en aval de Luchon. Cette oseraie fournit les boutures.

Le prix de la location est de 15 francs par an; les frais d'entretien consistent en un labour se montant annuellement à 6 francs.

PÉPINIÈRES VOLANTES.

Établissement des pépinières volantes. — Les pépinières volantes ont pour but de produire sur place les plants nécessaires aux travaux de reboisement ou de réfection d'un point donné d'un périmètre. Une fois les travaux achevés, les pépinières sont abandonnées. S'il arrive que leur sol s'épuise à la suite de un ou deux ensemencements avant l'achèvement des travaux, on en crée d'autres dans le canton.

Ce sont des plates-bandes situées en pleine série, au centre des travaux; elles sont généralement groupées en un certain nombre, voisines l'une de l'autre; le groupe est d'autant plus considérable, que les travaux à exécuter sont plus importants.

Ces plates-bandes ont des dimensions fort variables suivant la pente du terrain; leur largeur dépasse rarement 2 mètres; si la pente est rapide, on la réduit à 1 mètre; leur longueur varie de 4 à 10 mètres. Lorsque le terrain présente une grande déclivité, on est souvent obligé de soutenir le parement aval des plates-bandes par des banquettes en pierre sèche.

On choisit, pour y établir un groupe de bandes pépinières, les endroits abrités du vent et de la neige, ceux où la pente du terrain s'adoucit, et les expositions les plus fraîches, nord ou est. Mais, en fait, on est forcé parfois d'en créer à toutes expositions et sur des pentes rapides; on en rencontre à toutes les altitudes, depuis 1,200 jusqu'à 1,800 mètres.

Préparation du sol et semis. — Le sol est défoncé en été ou en automne; l'ensemencement a lieu au printemps suivant. Le défoncement doit être fait avec le plus grand soin et à une profondeur de 0 m. 50 à 0 m. 60. Au printemps, on revient sur le terrain ainsi préparé; on brise les mottes et on ameublit la terre avant de procéder à l'ensemencement.

Une précaution utile consiste à entourer la bande pépinière d'un talus de o m. 20 de haut ; faute de prendre cette précaution, la première neige est souvent emportée par le vent, et les jeunes plants exposés aux gelées.

On ne sème guère en pépinière volante que le hêtre et les résineux (mélèze, épicéa et pins). Les semis se font en sillons parallèles, espacés de o m. 15. Pour les graines légères qui ne doivent être que peu enfoncées, un homme suffit pour ouvrir les sillons et répandre la semence ; il trace plusieurs sillons à la fois à l'aide d'une sorte de râteau à pointes convenablement espacées, répand la graine et recouvre le sillon avec le dos de l'instrument ; s'il s'agit de semences lourdes (hêtre, pin cembro), le chantier comprend un homme et une femme ; le premier ouvre à la pioche les sillons qu'il a tracés au cordeau, la seconde répand les graines et recouvre les sillons avec le dos d'un râteau.

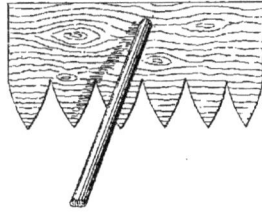

La dépense s'élève, en moyenne, à une dizaine de francs par are pour le défonçage du sol et l'ensemencement.

Divers soins à donner aux pépinières volantes. — Les bandes pépinières ne sont pas irriguées ; ce n'est que tout à fait exceptionnellement qu'on y répand du fumier, la fumure revenant à des prix énormes en raison des difficultés du transport ; on y supplée par du terreau, quand on peut en faire à portée.

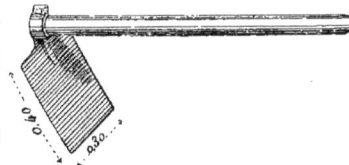

Un sarclage suivi d'un binage est donné deux fois l'an, au printemps et à l'automne, à chaque bande. Le sarclage est fait par des femmes, soit à la main, soit à l'aide d'une spatule en bois. Le binage est exécuté par des hommes à l'aide d'une binette présentant les dimensions du croquis de la page précédente; cet instrument est, à proprement parler, une bêche.

Repiquage de plants. — Les résineux sont mis en œuvre sans être repiqués. Les feuillus sont repiqués à l'âge de deux ans dans des plates-bandes préparées de la même manière que celles qui ont reçu les semences.

Les repiquages se font en lignes espacées de o m. 15 l'une de l'autre, les plants espacés de o m. 10 dans chaque ligne, ce qui permet de repiquer 7,000 plants par are.

Prix de revient. — Deux sarclages et binages sont les seuls soins donnés chaque année aux pépinières volantes, alors que, dans les pépinières permanentes, en sol riche, fréquemment amendé, et par conséquent très sujet à l'envahissement des mauvaises herbes, les frais d'entretien sont élevés. Les prix de transport, généralement considérables pour les plants provenant des pépinières centrales, sont presque nuls pour ceux qui proviennent des pépinières volantes. Aussi le prix de revient des derniers n'est-il guère que moitié environ de celui des premiers.

Étendue à donner aux pépinières volantes. — Les pépinières volantes sont, par définition, de durée limitée; il importe donc de n'en créer, aux endroits où elles doivent être utilisées, que la surface nécessaire et suffisante pour le but que l'on se propose. Cette surface est fonction directe du rendement moyen, en mille de plants utilisables, d'un are convenablement ensemencé.

Résineux. — Les graines de pin sylvestre, pin noir, pin à crochets et épicéa sont semées à raison de 4 kilogrammes par are; pour le mélèze, on emploie 8 kilogrammes, et ce poids est porté à 25 kilogrammes pour le pin cembro.

Avec 1 are ainsi ensemencé, on peut compter dans la région sur une moyenne de 30,000 à 40,000 plants. Il s'en suit que 1 are convenablement ensemencé fournit les plants nécessaires et suffisants pour planter 2 hectares à raison de 5,000 potets à l'hectare, recevant chacun une touffe de 2 à 4 plants, et que, réciproquement, pour planter dans les mêmes conditions 1 hectare de terrain, il suffit d'y créer 50 centiares de pépinières volantes.

Feuillus. — On ne cultive guère que le hêtre en pépinière volante.

Il est d'habitude de semer 25 kilogrammes de faînes pour 1 are, et cet ensemencement permet de compter sur 20,000 plants.

Pour planter 1 hectare, à raison de 5,000 potets recevant chacun un sujet non repiqué, il suffirait donc de 25 centiares de bandes pépinières.

Si les sujets doivent être repiqués, il faut créer 1 are de pépinière de repiquage par 7,000 plants.

Il suit de là que, pour une plantation de 1 hectare à raison de 5,000 sujets repiqués, il faut, outre les 25 centiares de bandes d'ensemencements, 75 centiares de bandes de repiquages.

Concluant pour le cas le plus commun dans la région, celui de 1 hectare à raison de 5,000 potets recevant chacun une touffe de 2 à 4 résineux non repiqués ou bien 1 feuillu repiqué, on peut dire qu'il faut : en résineux, un demi-are de bandes d'ensemencement; en feuillus, 1 are de bandes tant d'ensemencement que de repiquage.

Un calcul très simple permettra de déterminer l'étendue des pépinières volantes nécessaire pour tous les cas particuliers qui peuvent se présenter.

Pépinières volantes en fonctionnement. — Pour clore ce chapitre, il reste à donner quelques renseignements sur les pépinières volantes fonctionnant actuellement. On les trouve dans la

série de Bagnères-de-Luchon (Haute-Garonne) et dans les séries
d'Auzat, Suc-Sentenac et l'Hospitalet (Ariège).

Bagnères-de-Luchon. — Les bandes pépinières de la série de
Bagnères-de-Luchon sont massées en cinq groupes répartis dans
le bassin de réception du Laou-d'Esbas, à des altitudes variant
entre 1,600 et 1,800 mètres, aux expositions du nord-est, de l'est
et du sud-est; chaque groupe comprend de 6 à 10 bandes. Leur
contenance totale est de 18 ares. Il en a été extrait, en 1899,
23,000 plants, savoir :

Pins à crochets	11,500
Hêtres	3,500
Sorbiers	2,000
Aunes	3,000
Coudriers	2,500
Bouleaux	500

Elles renferment 7,500 plants pouvant être utilisés en 1900,
savoir :

Pins à crochets	1,500
Bouleaux	3,000
Aunes	3,000

On y a semé, en 1899, 25 kilogrammes de graines de sorbier,
récoltées dans la région, sur une surface de 1 are 20 centiares ;
1 kilog. 500 de graines de mélèze sur 40 centiares, et 1 kilog. 500
de graines de pin à crochets sur 40 centiares.

Les semis de sorbier n'ont point réussi; ceux de mélèze ont donné
environ 18,000 plants, et ceux de pin à crochets environ 16,000.

Enfin, 12,500 hêtres de deux ans ont été arrachés en forêt pour
être repiqués dans ces pépinières volantes. Ce dernier procédé,
qu'il ne faudrait point généraliser, n'a été employé que comme
mesure transitoire.

Auzat. — Les bandes pépinières de la série d'Auzat sont groupées au canton Gaffouilh, à 1,600 mètres d'altitude, à l'exposition
du sud; elles sont au nombre de 40, d'une surface totale de 11 ares.
Il n'en a point été extrait de plants en 1899; elles renferment
9,000 bouleaux utilisables au printemps de 1900; on y a semé,
en 1899 : 75 kilogrammes de graines de hêtre sur 3 ares, et 32 kilogrammes de graines d'érable sur 2 ares; les graines provenaient
du commerce.

Suc-Sentenac. — Les pépinières volantes de la série de Suc-
Sentenac, au nombre de 14, pour une surface de 5 ares, sont situées
à 1,300 mètres d'altitude, à l'exposition du sud-est; elles ne renferment que de tout jeunes plants provenant d'un semis de 50 kilogrammes de faînes sur 2 ares, et 40 kilogrammes d'érable sur
3 ares (graines achetées au commerce).

L'Hospitalet. — Il existe dans cette série un premier groupe de
42 banquettes, d'une surface totale de 14 ares, à 1,500 mètres
d'altitude et à l'exposition de l'ouest. Ce groupe n'a point fourni de
plants en 1899; il renferme actuellement 8,000 hêtres d'âge à
être utilisés au printemps de 1900; il y a été semé, en 1899, sur
3 ares, 75 kilogrammes de faînes achetées au commerce.

Le second groupe, 31 bandes, d'une surface de 12 ares, est
situé à 1,600 mètres d'altitude, aux expositions de l'ouest et du
sud-ouest. Aucun plant n'en a été extrait en 1899. Il renferme
12,000 bouleaux utilisables en 1900; ce sont des plants repiqués
depuis un an sur 5 ares 70 centiares; en outre, 8,000 bouleaux
de deux ans ont été achetés au commerce en 1899 et repiqués sur
3 ares 85 centiares; ces derniers ne seront mis en œuvre qu'à
partir de 1901.

Enfin, le troisième groupe, comprenant 24 bandes pour une surface de 10 ares, est situé à 1,750 mètres d'altitude, aux expositions de l'ouest et du sud-ouest. On y a, comme dans le précédent

groupe, repiqué 8.000 bouleaux de deux ans achetés au commerce; ils occupent 4 ares; 18,000 mélèzes, qui occupaient 1 are, ont été arrachés en 1899 et plantés dans la série. 5 ares sont occupés par 90,000 pins à crochets utilisables dès le printemps de 1900.

I. — Plantations de mélèze et d'épicéa (1885) et de pin sylvestre (1865).

Périmètre de Vicdessos. Série de Goulier (Ariège).

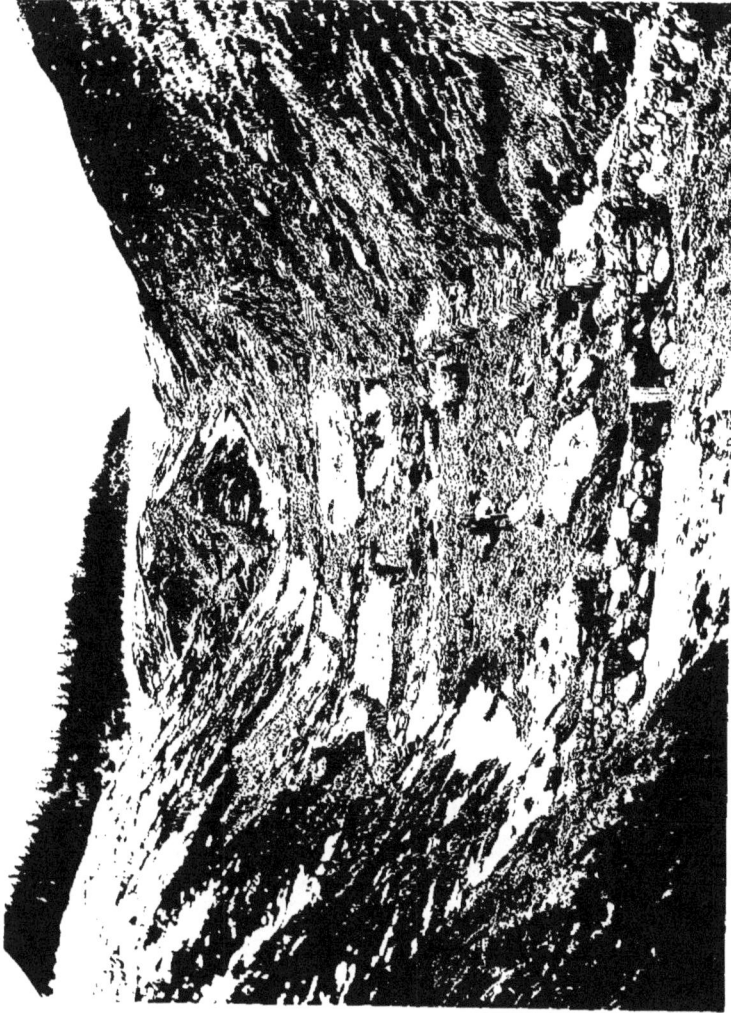

II. — SÉRIE DE GOULIER. Ravin de Courtaillons en 1890.

III. — SÉRIE DE GOULIER. Ravin de Courtaillous en 1899.

IV. — Série de Goulier. Ravin de Breyte en 1890.

V. — Série de Goulier. Ravin de Breyte en 1899.

VI. — Plantations de pin sylvestre et de mélèze, de 32 à 35 ans.
Périmètre de la Pique. Série de Juzet-Luchon (Hte-Garonne).

VII. — TORRENT DU LAOU D'ESBAS (Hte-Garonne). Berge en éboulement en 1889.

VIII. — Torrent du Laou d'Esbas. Même berge en 1892.

IX. — Plantations de pin sylvestre, épicéa et mélèze, de 32 à 35 ans.

Périmètre de la Pique. Série de Cier-Luchon (Hte-Garonne).